Taxonomie und Biostratigraphie der Conchostraken (Phyllopoda, Crustacea) aus dem terrestrischen Oberen Pennsylvanian und Cisuralian (unteres Perm) von Nord-Zentral Texas (USA)

Taxonomy and biostratigraphy of conchostracans (Phyllopoda, Crustacea) from the terrestrial Upper Pennsylvanian and Cisuralian (lower Permian) of North-Central Texas (USA)

Thomas Martens

Taxonomie und Biostratigraphie der Conchostraken (Phyllopoda, Crustacea) aus dem terrestrischen Oberen Pennsylvanian und Cisuralian (unteres Perm) von Nord-Zentral Texas (USA)

Taxonomy and biostratigraphy of conchostracans (Phyllopoda, Crustacea) from the terrestrial Upper Pennsylvanian and Cisuralian (lower Permian) of North-Central Texas (USA)

in Zusammenarbeit mit

Dan S. Chaney, Robert W. Hook und William A. DeMichele

Bibliografische Information der Deutschen Nationalbibliothek
Die Deutsche Nationalbibliothek verzeichnet diese Publikation in der
Deutschen Nationalbibliografie; detaillierte bibliographische Daten sind im Internet
über http://dnb.d-nb.de abrufbar.
1. Aufl. - Göttingen: Cuvillier, 2020

   ISBN 978-3-7369-7147-9
   eISBN 978-3-7369-6147-0

Inhalt

Zusammenfassung

Die Conchostraken sind kleine, doppelklappige Crustaceen, die auf eine lange erdgeschichtliche Entwicklung mindestens vom Devon bis in die Gegenwart zurückblicken können. Conchostraken sind sehr verbreitet in den feinklastischen Süßwasser-Sedimenten des Oberkarbon und Unteren Perm. Dies ist die erste Beschreibung der fossilen Conchostraken des Oberen Pennsylvanian bis Unteren Perm von Nord-Zentral Texas. Die Aufsammlungen erfolgten vom Autor im April 1992 an insgesamt 11 Lokalitäten aus der Zeitspanne vom obersten Oberkarbon (Markley Formation, Untere Bowie Gruppe, Pennsylvanian) bis zum Unterperm (Vale Formation, Clear Fork Gruppe, Cisuralian).
Die Klassifikation der Conchostraken zeigt Schwierigkeiten hinsichtlich Erhaltung (Deformation), Sexualdimorphismus und normaler Variation der Schalenmerkmale. Die erste repräsentative Arbeit über fossile Conchostraken, die auch Faunen aus Nordamerika enthält, wurde im Jahre 1862 von Prof. Rupert Jones veröffentlicht JONES (1862). Faunen aus Texas fehlten noch in dieser Arbeit.
Die aktuellen Untersuchungen ergaben 4 bereits bekannte Arten: *Lioestheria pseudotenella* Martens, 1983; *Lioestheria monticula* Martens, 1983; *Pseudestheria brevis* Raymond, 1946 und *Limnolimnadia ilfeldensis* Martens, 1983. Es wurden bisher auch 3 neue Arten nachgewiesen und erstmals beschrieben: *Lioestheria arroyoensis* sp. nov., *Pseudestheria noconaensis* sp. nov. and *Pseudestheria megaangulata* sp. nov.
Wegen unzureichender Erhaltung oder zu geringer Individuenzahl können folgende 9 Conchostraken-Typen nicht sicher zu bekannten Arten zugeordnet werden. Es sind dies: *Lioestheria* cf. *L. carinacurvata* Martens & Lucas, 2005; *Lioestheria* sp. A; *Lioestheria* sp. P1; *Lioestheria* sp. P2; *Pseudestheria* sp. P1; *Pseudestheria* sp. P2; *Pseudestheria* sp. WR 1; *Pseudestheria* sp. L1 und *Pseudestheria* sp. V1
Die an das Süßwasser gebundenen Conchostraken von Nord-Zentral Texas sind extrem wichtig für die interkontinentale, biostratigraphische Skala. Vorläufig bestehen mit hoher Wahrscheinlichkeit folgende Möglichkeiten der Korrelation:
1. Die Markley Formation (Untere Bowie Gruppe, Oberes Karbon/Wolfcampian Serie) von Nord-Zentral Texas mit der Unteren Oberhof Formation (Unteres Rotliegend, Unterperm) des Thüringer Wald-Beckens und mit der Netzkater Formation (Ilfeld-Becken) von Deutschland;
2. die Archer City Formation (Obere Bowie Gruppe, Wolfcampian Serie, Cisuralian) von Nord-Zentral Texas mit der Wadern Formation (Saar-Nahe-Becken) und der Tambach Formation (Thüringer Wald-Becken) von Deutschland; und.
3. der oberste Teil der Waggoner Ranch Formation und der untere Teil der Arroyo Formation (Clear Fork Gruppe, Cisuralian) von Nord-Zentral Texas mit der Standenbühl-Formation (N8) im Saar-Nahe-Becken von Deutschland.
Die bisherigen taxononomischen und biostratigrapischen Ergebnisse sind ein erst Schritt zur besseren Kenntnis der Conchostraken-Fauna des Unteren Perm (Cisuralian) von Nord-Zentral Texas. Weitere Untersuchungen werden notwendig sein.

Summary

Conchostracans are small, bivalved crustaceans with a long fossil record ranging from the Devonian to the present. They are very common in most of the Upper Carboniferous and lower Permian lacustrine finegrained clastic sediments.

This is the first description of the fossil conchostracan faunas from the Upper Pennsylvanian and Cisuralian (lower Permian) of north-central Texas. Collections were made by the author in April 1992 from 11 new localities ranging from the uppermost Pennsylvanian Markley Formation (Lower Bowie Group) to the lower Permian Vale Formation (Clear Fork Group).

The classification of fossil Conchostraca is difficult due to their preservation, sexual dimorphism, and individual variations in shell characteristics. The first comprehensive paper on fossil estherids was published in 1862 and contained the first description of fossil Conchostraca from the North America (JONES 1862).

The present study discusses four previously described species: *Lioestheria pseudotenella* Martens, 1983; *Lioestheria monticula* Martens, 1983; *Pseudestheria brevis* Raymond, 1946 and *Limnolimnadia ilfeldensis* Martens, 1983 – as well as three new species: *Lioestheria arroyoensis* sp. nov., *Pseudestheria noconaensis* sp. nov., and *Pseudestheria megaangulata* sp. nov.

Due to poor preservation or insufficient numbers of well-preserved specimens we recognize nine types of conchostracans that cannot be unquestionably assigned to any known species. These are *Lioestheria* cf. *L. carinacurvata* Martens & Lucas, 2005; *Lioestheria* sp. A; *Lioestheria* sp. P1; *Lioestheria* sp. P2; *Pseudestheria* sp. P1; *Pseudestheria* sp. P2; *Pseudestheria* sp. WR 1; *Pseudestheria* sp. L1 and *Pseudestheria* sp. V1

The freshwater Conchostraca of the Upper Carboniferous and Cisuralian (lower Permian) are extremely useful in biostratigraphical correlation on an intercontinental scale. For the first time, it is now possible to correlate, with a high degree of certainty:

1. The Markley Formation (Lower Bowie Group, Uppermost Carboniferous/ Wolfcampian Series) of northern Texas with the Lower Oberhof Formation (Lower Rotliegend, Lower Permian) of the Thuringian Forest Basin in Germany;

2. the Archer City Formation (Upper Bowie Group, Wolfcampian Series, Cisuralian) of northern Texas with the Wadern Formation (Saar-Nahe-Basin) and the Tambach Formation (Thuringian Forest Basin) in Germany; and

3. the uppermost portion of the Waggoner Ranch Formation and the lower portion of the Arroyo Formation (Clear Fork Group) with the Standenbühl Formation (N8) of the Saar-Nahe-Basin in Germany.

The taxonomical and biostratigraphical results presented in this paper a first step toward an improved knowledge of conchostracans in the Cisuralian (lower Permian) of North-Central Texas. More research needs to be done.

Vorwort

In kontinentalen Ablagerungen des Oberkarbon und Unterperm sind Conchostraken oft die einzige Fossilgruppe, die mit ausreichender Sicherheit biostratigraphische Aussagen von Becken zu Becken und von Kontinent zu Kontinent möglich machen.

Initiiert von dem Freiberger Paläontologen, Prof. A. H. Müller, begannen bereits in den frühen 80er Jahren des vorigen Jahrhunderts intensive Forschungsaktivitäten zur Untersuchung der Conchostraken des Zeitraumes Oberkarbon, Perm und Trias, die bis in die Gegenwart andauern. Dabei wurde zunächst das Hauptaugenmerk auf die mitteleuropäischen Vorkommen gerichtet (KOZUR et al. 1981; MARTENS 1982; MARTENS 1983a, b, c; KOZUR & SEIDEL 1983; MARTENS 1984 u.a.). Hinzu kamen Revisionen russischer Faunen und die intensive Bearbeitung oberkarbonischer, oberpermischer und triassischer Conchostraken (GORETZKI 2003; SCHOLZE & SCHNEIDER 2015; SCHOLZE et al. 2016 u.a.).

Im Rahmen eines 6-monatigen Forschungsaufenthaltes am Carnegie Museum of Natural History Pittsburgh, USA, von Januar bis Juni 1992 hatte der Autor u.a. auch die Möglichkeit, an einer 14tägigen paläobotanischen Sammelexpedition des Smithsonian Institutution Washington D.C. (Department of Paleobiology) im Unterperm von Nord-Zentral Texas teilzunehmen. Der Autor nutzte die Gelegenheit zur erstmaligen, systematischen Aufsammlung der Conchostraken an insgesamt 11 neuen Fundstellen. Die stratigraphische Einstufung nach TUCKER & HENTZ (1987) umfaßt den Zeitraum vom oberen Pennsylvanian (Markley Formation) bis zur unterpermische Clear Fork Group (Arroyo Formation). Zusätzlich erhielt der Autor noch weiteres Probenmaterial von mehreren Fundstellen für eine systematische Bearbeitung. Die Bearbeitung zog sich über einen längeren Zeitraum hin. Dafür gab es verschiedene Gründe. Die Arbeitsstelle des Autors, das Museum der Natur Gotha und später die Stiftung Schloss Friedenstein Gotha boten wegen der Aufgabenvielfalt in den Folgejahren nur gelegentlich die Voraussetzungen für intensive Conchostraken-Studien. Es gelang aber, die umfangreichen Proben zu untersuchen. Es war möglich, die Conchostraken auf mechanischem Weg freizulegen, die für eine wissenschaftliche Analyse geeignet waren und fototechnisch zu dokumentieren. Inzwischen befinden sich die wissenschaftlich relevanten Faunen von Texas wieder in der Sammlung des Smithsonian Institutution in Washington D. C. Der Leihvorgang wurde erfolgreich beendet. Die Zusammenfassung der Ergebnisse konnte beginnen. Nun war es möglich, die ersten fundierten Aussagen zum biostratigraphischen Vergleich der texanischen Conchostraken-Fauna mit der Conchostrakenfauna mitteleuropäischer Vorkommen darzustellen. Es ergeben sich erste Korrelationsmöglichkeiten, die unbedingt den interessierten Fachkollegen zugänglich gemacht werden sollen.

1 Einleitung

Conchostraken existieren mit Sicherheit seit dem Devon und haben sich weltweit bis in die Gegenwart behauptet. Ihr Kenntnisstand zur Artenvielfalt, Lebensweise und biostratigraphischen Bedeutung in den verschiedenen erdgeschichtlichen Epochen hat sich in den zurückliegenden 50 Jahren deutlich verbessert.
Es sind keine Conchostraken aus eindeutig marinen Sedimenten bekannt. Sie bevölkern ausschließlich limnische Biotope mit temporärem Charakter. Sie benötigen einen oft jahreszeitlich begründeten Wechsel von stehendem Gewässer und Austrocknungsphasen an ein und demselben Ort. Letztere können Wochen, Monate oder einige Jahre betreffen. Es kann sich um Uferzonen von Seen mit schwankendem Wasserstand, um Tümpel mit periodischer Austrocknung oder um kleine Wasserlachen bis unter einem Quadratmeter mit Austrocknung handeln. Entscheidend ist, dass eine zeitweilige Bespannung mit Süßwasser mehrere Wochen umfasst. Die Zeitspanne sollte die Bildung trockenresistenter Eier ermöglichen, um ein Weiterleben am gleichen Ort innerhalb einer Folgegeneration zu ermöglichen. Es ist aber auch denkbar und vom Autor beobachtet worden, dass nach der Austrocknung von Wasserlachen die abgestorbenen Conchostrakenschalen vom Wind ausgeblasen und über größere Entfernungen transportiert wurden. Auch ein Transport durch fließendes Wasser ist denkbar. Diese Möglichkeiten garantieren die trockenresistenten Eier, die innerhalb der ausgetrockneten Sedimente überleben können oder an den Schalen haften bleiben. Die geringe Größe der fossilen Conchostraken (Carapaxgröße vor allem zwischen 1 bis 4 mm) stellt sie zu den Mikrofossilien bzw. in deren Nähe. Nur wenige Arten erreichen Körpergrößen deutlich über 4 mm. Im Gegensatz zu den rezenten Arten ist von den fossilen Concho-

straken nur der Carapax in verschiedenen Erhaltungsstufen überliefert. Selten findet man fossile Eier, Reste des Rumpfes, des Kopfes und der Antennen. Die Taxonomie der fossilen Conchostraken kann sich daher nur auf die Merkmale des Carapax beziehen. Hier beginnt das Problem subjektiver Entscheidungen der verschiedenen Bearbeiter. Oft wurden „Merkmale", die durch diagenetisch bedingte Verformungen oder tektonische Einflüsse vorgetäuscht waren, zu taxonomischen Merkmalen aufgewertet. Es entstanden zahlreiche Arten (bzw. Gattungen), die einer späteren Überprüfung taxonomisch relevanter Merkmale nicht standhielten. Oft war es auch nicht mehr möglich, die „definierten" Arten weiter zu verwenden, weil weder die Originale, noch die Fundorte (Locus typicus) nicht mehr zugänglich waren oder es sich um andere Fossilien handelte (z.B. Ostrakoden und Muscheln).

Die Bestimmung der Gattung bzw. Art setzt eine exakte Analyse aller verfügbaren Merkmale der Schale (Carapax) voraus. Dabei ist zu beachten, dass vor allem in feinklastischen Sedimentgesteinen diagenetisch bedingt eine intensive Deformation der primär stark gewölbten Conchostraken-Schalen (kugelförmige bis diskusscheibenartige Körper) auftreten kann. Die teilweise übereinander liegenden Schalen werden stark geplättet und lassen dann kaum noch Merkmale erkennen. Die Orientierung des doppelklappigen Carapax zur Schichtebene (Dorsalrand oben, unten oder schräg) muss ebenfalls bei der taxonomischen Bewertung berücksichtigt werden. Dies betrifft auch eine Deformation der Schalenmerkmale selbst. Hier wurden in der Vergangenheit die größten Fehler bei der Beschreibung fossiler Conchostraken gemacht. Es kam zu einer Beschreibung von „Deformationsarten", die in das Reich der Phantasie gehören.

Conchostraken lassen sich in unterschiedlichen feinklastischen Sedimentgesteinen unabhängig von der Gesteinsfarbe nachweisen. Die Palette reicht von kohlenstoffreichen, dunkelgrauen Schwarzschiefern (black shales) permanenter Seen über graue, graugrüne bis graublaue Feinklastika und Karbonate bis zu graubraun und rotbraun gefärbten feinklastischen Sedimentgesteinen (Rotsedimente) temporärer Seen und Tümpel. Fossile Conchostraken-Populationen beinhalten auf einer Schichtfläche überwiegend mehrere Hundert bis mehrere Tausend Individuen pro m² MARTENS (1983a, b. c). Conchostraken sind innerhalb eines Vorkommens nicht auf eine Schichtfläche begrenzt, sondern treten in der Regel auch vertikal im Profil auf zahlreichen Schichtflächen auf. Zur mechanischen Trennung der fossilführenden Schichtflächen wurden spezielle Methoden entwickelt. Somit kann man mittels Binokular die Freilegung der Schalen und wichtiger taxonomischer Merkmale vornehmen. In der Regel benutzte der Autor feine Stichel oder Nadeln. Für das Verständnis der Anatomie der Conchostraken ist ein vorhergehendes Studium rezenter Conchostraken sinnvoll und förderlich.

2 Terminologie fossiler Conchostraken

Abkürzungen in alphabetischer Reihenfolge, z.T. mit englischer Übersetzung nach MARTENS (1983a, b)

Carapax-Maße

Ab	Breite des Anwachsstreifens (GBw = width of GB)
Abmax	maximale Breite eines Anwachsstreifens (GBwmax = maximally width of GB)
Az	Zahl der Anwachsstreifen
B	Breite der doppelklappigen Carapax
d	Länge des Dorsalrandabschnittes der larvalen Schale
dh	Länge des Dorsalrandabschnittes zwischen Abschnitt d und dem Übergang DR/HiR, dh = D- (d + dv) (length of DM between PM of LS and PM of C)
dv	Länge des Dorsalrandabschnittes zwischen d-Abschnitt und Übergang DR/VoR, dv = D – (d + dh) (length of DM between AM of LS and AM of C)
D	Länge des Dorsalrandes (D = length of DM)
α	Winkel zwischen DR und VoR
β	Winkel zwischen DR und HiR
H	Höhe der Carapax (Ch = height of C)
L	Länge der Carapax (Cl)
d	Länge des Dorsalrandes der larvalen Schale (dll)
l	Länge der larvalen Schale (ll = length of LS)
h	Höhe der larvalen Schale (lh = height of LS)
Mz	Anzahl der Messungen

Carapax-Merkmale

AL	Anwachslinie, konzentrische Kerbe (GL = growth line)
AST	Anwachsstreifen (GB = growth band)
AST1–AST5	Anwachsstreifen 1 – 5 nach der LS
CA	Carapax, Schale (C, Sh = shell, carapace)
DK	Dorsalrandkerbe
DKko	konzentrisch verlaufende Anwachslinien in der Dorsalrandkerbe
DKpa	parallel verlaufende Anwachslinien in der Dorsalrandkerbe
DR	Dorsalrand (DM = dorsal margin)
HiR	Hinterrand der Schale (PM = posterior margin)
LS	larvale Schale (LS = larval shell)
LV	Larval valve
O	Ornament (O = ornament)
S	Skulptur (S = sculpture)
VR	Ventralrand der Schale (VM = ventral margin)
VoR	Vorderrand der Schale (AM = anterior margin)
W	Wirbel, bestehend aus LS und ersten AST (U = umbo)
Ma	Mantel (Ma = mantle)
Me	Membran (Me = membrane)

Bezüglich der Terminologie der fossilen Conchostraken werden die Arbeiten von MARTENS (1983a, 1983b, 1987) als Grundlage benutzt. Verschiedene intensive Bemühungen folgten wie z. B. STOYAN et al. (1994), Goretzki (2003), Scholze & Schneider (2015) u.a.. Die Terminologie des Carapax orientiert sich dabei an der Terminologie rezenter Conchostraken. Allerdings werden bei der Beschreibung rezenter Conchostraken verschiedene Ausbildungen des Carapax oft nur am Rande erwähnt und spielen bei der Taxonomie der rezenten Conchostraken eine untergeordnete Rolle.

Bei der Untersuchung der Conchostraken aus dem Oberkarbon, dem Perm und der Trias hat sich aber gezeigt, dass sich im Laufe des Paläozoikums völlig unterschiedliche Anwachsbedingungen im Carapaxbereich herausbildeten, die heute zum größten Teil nicht mehr nachweisbar sind. Diese Unterschiede erkennt man vor allem im Bereich der Wirbel- und Scharnierregion der doppelklappigen Schale. Hier ist allerdings je nach fossiler Überlieferung des Carapax die Erkennung der Anwachsverhältnisse besonders schwierig. Es kommt häufig zur Überlagerung (Überlappung) der beiden Schalenhälften. Die dorsale Kerbe ist dann kaum zu erkennen.

Eine taxonomische Analyse ohne Berücksichtigung des Anwachstyps im Scharnierbereich macht eine Zuordnung zu einer bestimmten Gattung bzw. Familie schwierig oder unmöglich! Dies zeigt sich auch in einer Reihe von Conchostraken-Arbeiten der zurückliegenden Jahrzehnte, in denen zwar eine Revision erfolgte aber diesem wichtigen Merkmalskomplex nicht die nötige Beachtung geschenkten wurde (KOZUR & SITTIG 1981, KOZUR & SEIDEL 1983, GORETZKI 2003, SCHOLZE et al. 2016 u.a.).

Andererseits sind die doppelklappigen Schalen der Conchostraken in unterschiedlichen Erhaltungszuständen in der Regel die einzigen fossilen Überreste des ursprünglich kompletten Conchostraken-Körpers mit Weichteilen (MARTENS 1985a). Sehr selten werden Überreste des Conchostraken-Weichkörpers (Antennen, Furka usw.) oder Eier überliefert. Für die taxonomische Auswertung und den Vergleich in unterschiedlichen Vorkommen sind Weichkörperreste kaum verwendbar. Es sollten daher nur Conchostraken mit einer guten Erhaltung des Carapax taxonomisch ausgewertet werden. Hier treten nach wie vor bei Bearbeitern die größten Probleme auf, wie das schon z. B. bei NOVOJILOV (1970) und TASCH (1958a und b) der Fall war. Wenn eine bestimmte Merkmalspalette nicht erhalten bzw. erkennbar ist, handelt es sich eben nur um den Nachweis fossiler Conchostraken.

Die Anfertigung einer Zeichnung des Carapax in mehreren Ansichten im Rahmen der Beschreibung ist wünschenswert (MARTENS 1982, 1983b). Sie zwingt den Bearbeiter zur Festlegung und Kennzeichnung bestimmter von ihm entdeckter Merkmale. In einer nur verbalen Beschreibung des Carapax kann dies je nach Begriffswahl nur unzureichend zum Ausdruck kommen.

Erstmals wurde von MARTENS (1983a, b) festgestellt, dass es grundsätzliche Unterschiede im Anwachsverhalten im Bereich der Scharniere zwischen den Gattungen *Lioestheria*, *Pseudestheria* und *Limnolimnadia* gibt (Abb. 5 bis 8). Diese Unterschiede bilden die Grundlage der taxonomischen Trennung der Conchostraken in die Familien Lioetheriidae, Pseudestheriidae und Limnadiidae.

Die Taxonomie der fossilen Conchostraken basiert im Art- und Gattungsbereich im Gegensatz zur Taxonomie der rezenten Conchostraken vor allem auf den Merkmalsspektren des doppelklappigen Carapax. Bei der Beschreibung rezenter Conchostraken spielen Carapaxmerkmale eine sehr untergeordnete Rolle. Eine relativ große larvale Schale (LS) mit einer charakteristischen Skulptur ist zum Beispiel für die Formenvielfalt der Gattung *Lioestheria* verantwortlich. Die ursprünglich 3dimensionale Ausbildung des Carapax wird nach der Einbettung im Sediment durch eine diagenetisch bedingte Deformation (Plättung) stark verfälscht. Sie ist in Abhängigkeit vom

Sedimenttyp unterschiedlich stark ausgebildet. Die Carapax-Deformation erfolgte nicht nur senkrecht zur Schichtungseben, sondern kann auch von tektonischer Beanspruchung des Sedimentes beeinflusst sein (starke Streckung der Carapax in einer bestimmten Richtung (MARTENS 1982). Diese Phänomene müssen vor Beginn einer taxonomischen Analyse bekannt sein.

Auffällig sind auch radiale Skulpturelemente des Carapax (z. B. Gattung *Leaia*). Die Zahl der Anwachsstreifen (AST) ist zunächst abhängig vom Alter des Carapax bzw. der Anzahl der Häutungsphasen außerhalb der larvalen Schale. In der Regel werden die AST im adulten Stadium deutlich enger und trotz weiterer Häutungen bilden sich keine neuen AST (Abb. 3, 4).

Dennoch gibt es Arten mit durchgehend eng liegenden, zahlreichen AST (Abb. 13) und Arten mit wenigen, relativ breiten AST (Abb. 9). Um dies festzustellen, benötigt man zahlreiche Formen einer fossilen Population auf einer Schichtfläche. Die Breite der AST kann im Laufe des Wachstums des Carapax stärkeren Schwankungen ausgesetzt sein. Diese Schwankungen werden durch Umwelteinflüsse (Temperatur, Wasserchemie, mechanische Einflüsse) ausgelöst und sind nicht artspezifisch. Aus dem Anwachsverhalten eines Conchostraken-Carapax ergibt sich nach Ausmessung eine charakteristische Kurve (siehe Taf. 1, Abb. 1 und 2).

Die Reste des „Weichkörpers" (Kopf, Antennen, segmentierter Rumpf und Furka) sind nur selten und unterschiedlich überliefert und können in der Regel nicht als taxonomisches Merkmal genutzt werden. Dies gilt auch für Eierpakete.

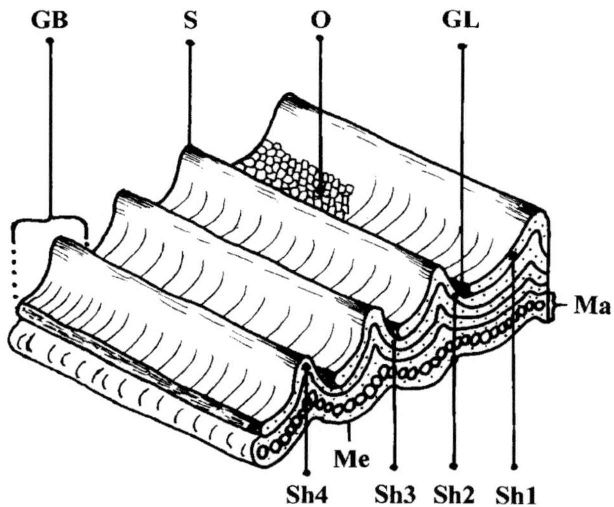

Abb. 1. Carapax (Schale) stark schematisch und vergrößerter Ausschnitt (Sh1 bis Sh 4 = Schale 1 bis Schale 4 = 4 Häutungsstadien
Fig. 1. Carapace (shell) enlarged section (Sh1 to Sh4 = shell 1 to shell 4 = four molting stages

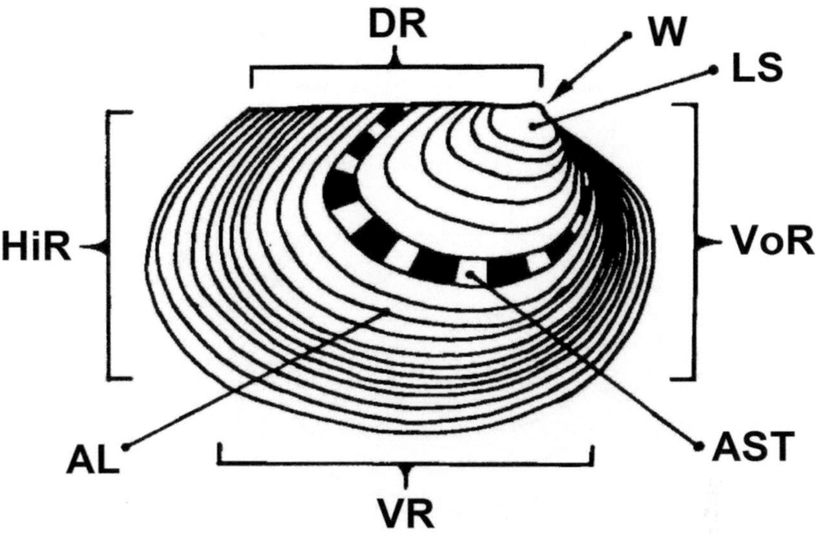

Abb 2. Merkmale des Carapax (rechte Schale)
Fig. 2. Features of the carapace (right shell)

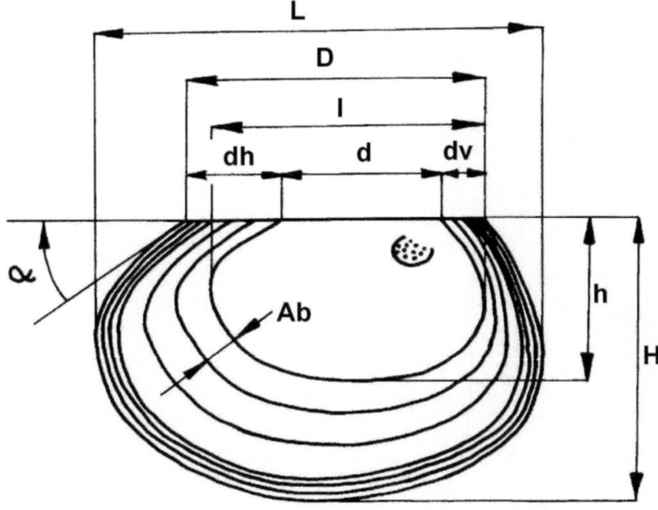

Abb 3. Maße des Carapax (rechte Schale), englische Abkürzungen
Fig. 3. Measurements of conchostracan carapace (right shell)

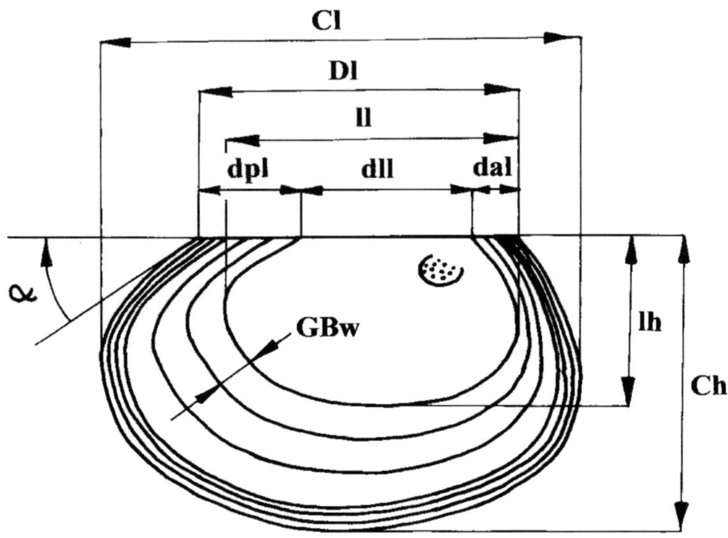

Abb. 4. Maße des Carapax (rechte Schale), englische Abkürzungen
Fig. 4. Measurements of carapace (right shell)

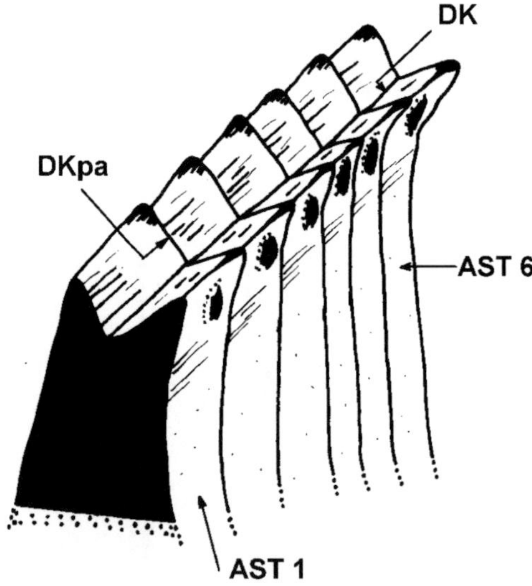

Abb. 5. Dorsalrandkerbe der Gattung *Lioestheria* (vergrößerten Ausschnitt)
Fig. 5. Dorsal margin of genera *Lioestheria* (enlarged section)

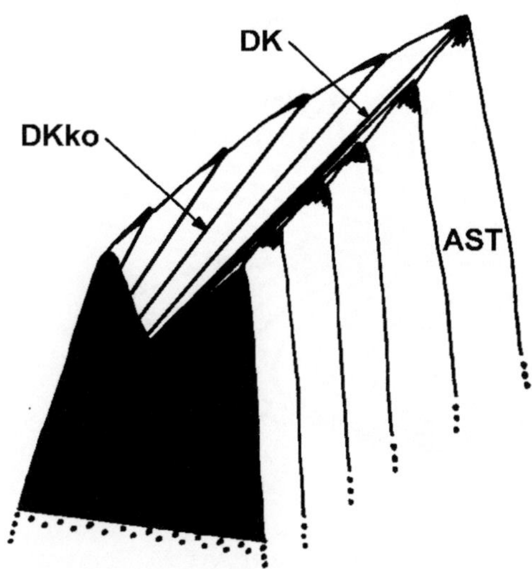

Abb. 6. Dorsalrandkerbe der Gattung *Pseudestheria* (vergrößerten Ausschnitt)
Fig. 6. Dorsal margin of genera *Pseudestheria* (enlarged section)

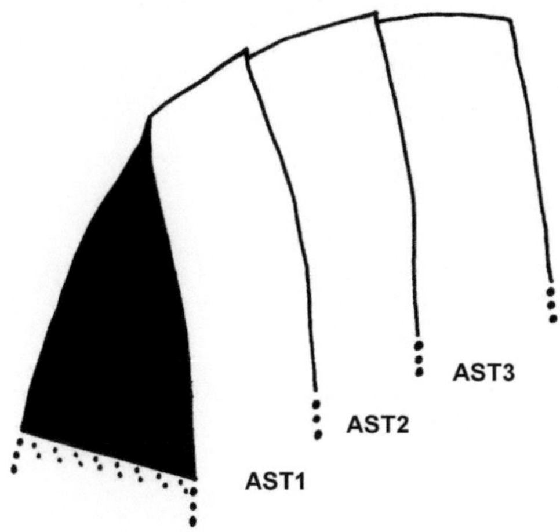

Abb. 7. Dorsalrand der Gattung *Limnolimnadia* (vergrößerten Ausschnitt)
Fig. 7. Dorsal margin of genera *Limnolimnadia* (enlarged section)

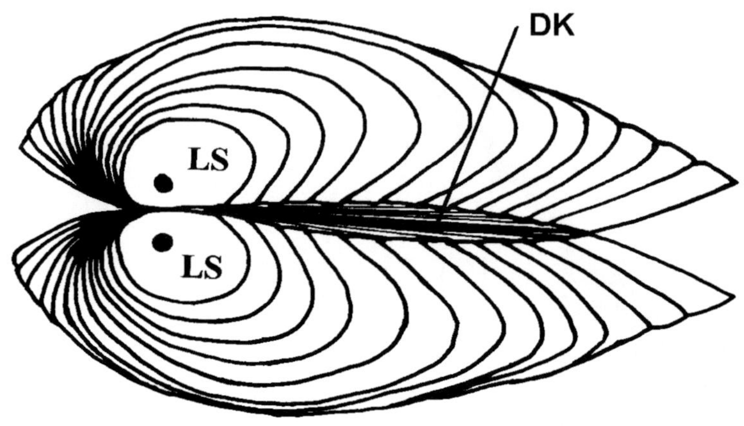

Abb. 8. Carapax mit rechter und linker Schale in dorsaler Ansicht, Dorsalrandkerbe (DK) der Gattung *Pseudestheria*
Fig. 8. Carapace with right and left shell in dorsal view, dorsal margin (DK) and shell of genera *Pseudestheria*

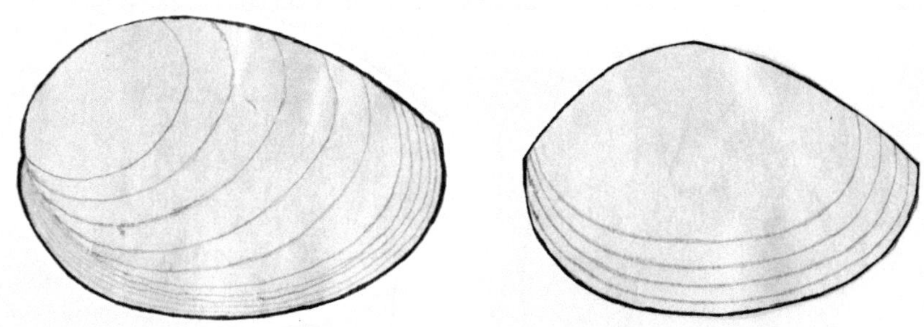

Abb. 9.   Abb. 10.

Abb.9. *Limnadia lenticularis* (Linnaeus, 1761), Massachusetts, USA
Abb.10. *Eulimnadia inflecta* Mattox, 1939, Illinois, USA

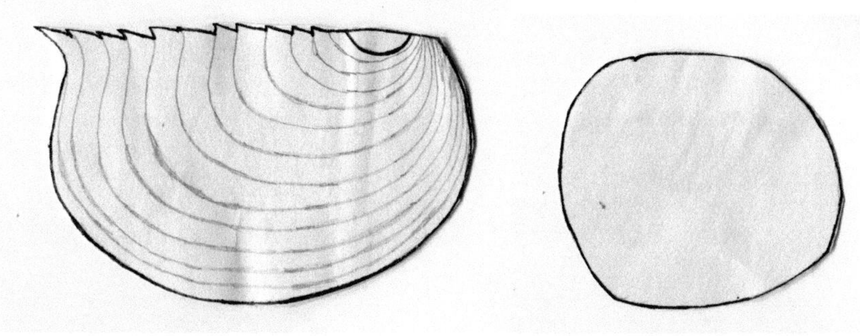

Abb. 11.   Abb. 12.

Abb.11. *Limnadiopsis tatei* Spencer et Hall, 1896, Länge der CA = 13 mm
Abb 12. *Lynceus brachyurus* O.F. Müller 1776, Illinois, USA, Länge des CA = 4,3 mm

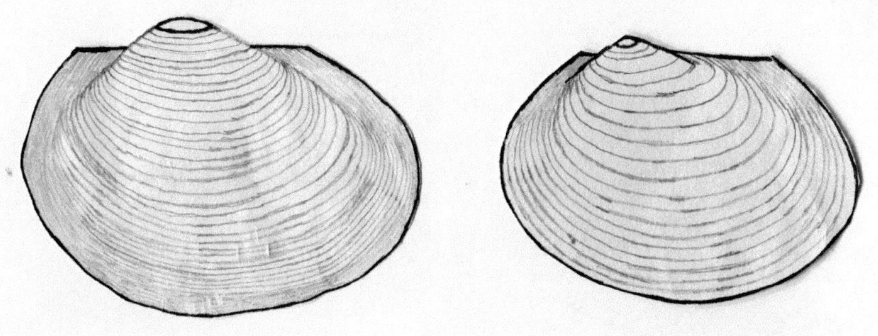

Abb. 13.   Abb. 14.

Abb. 13. *Cycicus morsei* (Packard, 1883), Länge des CA = 13,3 mm
Abb. 14. *Caenestheriella belfragei* Donald, 1989, Oklahoma, USA, Länge der CA= 6,5
mm

GBw
(mm)
0,3
0,2
0,1
0
1
2
3
4
5
6
7
1 5 10 15 20 GBn
GBw
(mm)
0,3
0,2
0,1
0
1
2
3
4
5
6
1 5 10 15 20 GBn
LS
A
B
C

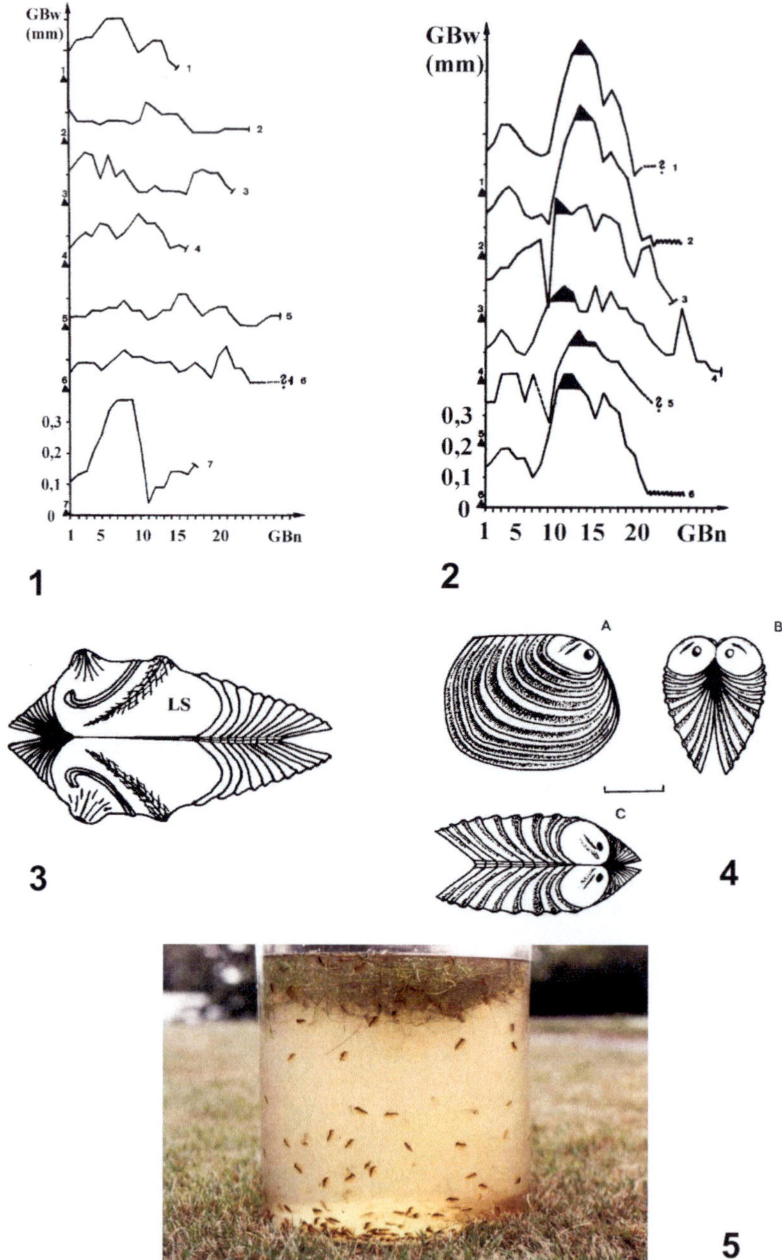

Tafel 1

Tafel 1

Abb. 1. Wachstum der Conchostraken-Carapax 1 bis 7 fossiler Conchostraken (*Pseudestheria graciliformis* Martens, 1983) GBw = Breite der Anwachsstreifen, GBn = Anzahl der Anwachsstreifen. (MARTENS 1983a, Abb. 29),
Abb. 2. Wachstum der Conchostraken-Carapax von einer rezenten Population von *Cyzicus cycladoides* (Joly 1841) von Italien (MARTENS 1985a), GMw = Breite der Anwachsstreifen, GBn = Anzahl der Anwachsstreifen
Abb. 3. *Lioestheria pseudotenella* Martens, 1983: dorsale Ansicht der Carapax, linke und rechte Schale, LS = larvale Schale mit unterschiedlichen Skulpturelementen
Abb. 4. *Lioestheria monticula* Matens, 1983: Carapax in lateraler (A), frontaler (B) und dorsaler (C) Ansicht
Abb. 5. *Limnadia lenticularis* (Linné, 1761), lebende Conchostraken von einem temporären Fischteich im östlichen Teil von Sachsen (Deutschland)

Plate 1

Fig. 1. Growing of conchostraca carapace 1 to 7 of fossil conchostraca (*Pseudestheria graciliformis* Martens, 1983), GBw = width of the growth bands, GBn = number of the growth bands. (MARTENS 1983a, fig. 29),
Fig. 2. Growing of the carapace of recent population of *Cyzicus cycladoides* (Joly) from Italy (MARTENS 1985a), GMw = width of the growth bands, GBn = number of the growth bands
Fig. 3. *Lioestheria pseudotenella* Martens,1983: dorsal view of the carapace, left and right shell, LS = larval shell with different sculpture elements
Fig. 4. *Lioestheria monticula* Martens,1983: Carapax in lateral (A), frontal (B) and dorsal (C) view
Fig. 5. *Limnadia lenticularis* (Linné, 1761), living conchostraca from a temporary fish lake in the eastern part of Saxonia (Germany)

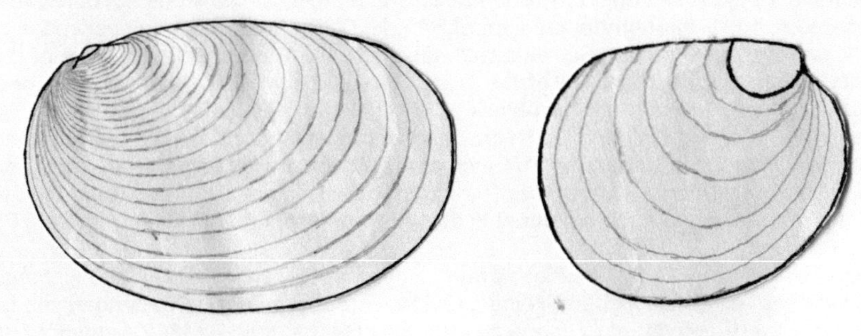

Abb. 15.   Abb. 16.

Abb. 15. *Cycicus californicus* (Packard 1883), Kalifornien, USA, Länge des CA = 12 mm
Abb. 16. *Cyclestheria hislopi* (Baird 1859), Südamerika

3 Taxonomie wichtiger Arten und Gattungen im obersten Karbon und Unterperm in Europa und Nordamerika

Art: „Estheria" tenella (Bronn, 1850)

Bei allen aus dem obersten Karbon und Perm bzw. Rotliegend in der Vergangenheit beschriebenen Conchostraken spielte der Artname „tenella" eine besondere Rolle. Es war aber weitgehend unklar, zu welchem Typusmaterial bzw. zu welchem Locus typicus die Art gehörte.

Mit diesen wichtigen Fragen haben sich verschiedene Autoren beschäftigt: BRONN (1850), JONES (1862), PRUVOST (1919), WARTH (1963), KOZUR & SITTIG 1981 u.a. BRONN (1850) veröffentliche erstmals eine Beschreibung der Art „Posidonomya tenella". Der Artname „tenella" war geboren. KOZUR & SITTIG (1981) schrieben dazu: „Bezug genommen wurde dabei auf Material aus der Lebacher Gruppe des Saar-Nahe-Gebietes und auf dunkle, fast schwarze, glimmerige Schiefertone mit Pyrit und Kalkknauern vom Tal des Ittersbaches unterhalb des Dorfes Sulzbach" mit „Uronectes fimbriatus (Jordan). Das Dorf Sulzbach liegt aber nicht im Tal des Ittersbaches, sondern im Tal des Sulzbaches. Hier liegt wohl eine Verwechslung vor.

BRONN (1850) kann nach KOZUR & SITTIG (1981) als Erstautor der Art „Posidonomya tenella" gelten. Wie KOZUR & SITTIG (1981) feststellten, bildete JONES (1862) auf Taf. 5, Fig. 6 erstmals die Art „tenella" als „Estheria tenella" ab: „Right valve; Murgthal, Schwarzwald: x 6 diam." JONES (1862) Seite 31 schrieb: „1. In the `Neues Jahrbuch f. Min. &c., 1850, p. 577, Prof. H. G. Bronn gives an account of the black shale of Sulzbach, Lebach, & c., and describes Posidonomya tenella (Jordan) which there occurs in company with the interesting crustacean Gampsonyx fimbriatus (Jordan). "Posidonomya" is stated to lie very thickly on the faces of the shale; to be of an oblique-oval shape, 3–4 millimeters in length, with 8-10-15 concentric wringles, which are the less numerous when they are large and strong; the hinge-border joining the hinder border with blunt but distinct angle…Prof. Fridolin Sandberger, of Carlsruhe, favoured me, in December, 1861, through the medium of Prof. H. G. Bronn, with some specimens of E. tenella from the Murgthal, Schwarzwald, labelled…from the uppermost beds of the Coal-formation, Sulzbach; Valley of the Murg. The place where it was found is now closed up…the specimens are of a black stony shale, or slate, with white streak. The Estheria are represented by black films and impressions of flattened valves lying crowded on the planes of bedding (1/4 inch apart), together with fish-scales, mica, and small decomposing crystals of pyrites. The carapace-valves are but poorly represented, and have left no trace of their ornament in these specimens, one of which is figured, Pl. V, Fig. 6."

Bereits bei JONES (1862) wurde darauf hingewiesen, dass der Gattungsname „Posidonomya" eine Muschel und keine Crustaceen beschreibt. Der Gattungsname ist daher für die Art „tenella" nicht mehr verwendbar. Die bei JONES (1862) angegebene Lokalität „Murgthal Schwarzwald" gab bereits Hinweise auf den Fundort der Conchostraken. Das Material stammt von Sulzbach (Topotypus). Der Ort Sulzbach liegt bei Gaggenau nahe Baden-Baden. Der durch Sulzbach fließende Sulzbach mündet in Gaggenau in die Murg (Murgtal).

PRUVOST (1919) wählte aus den Abbildungen in JONES (1862) den gültigen Holotypus. Damit wurde die Fundschicht von Sulzbach zum Locus typicus für die Art Estheria tenella. Es gelang Kozur, das Topotypenmaterial von Sulzbach aus dem Britischen Museum of Natural History London für eine Bearbeitung auszuleihen. Nach seiner Einschätzung ist die Erhaltung der Conchostraken „recht schlecht". Der Verfasser hat 1993 bei seinen Studien in der Cochostrakensammlung des Britischen Museum, London, unter der Inventar-Nr. 44337 vier kleine Stücke und ein größeres eines mittelgrauen Tonsteines mit massenhaft kleinen unbestimmbaren Conchostraken vorgefunden. Der Schieferton war nicht schwarz! Nur auf dem größeren Stück war ein mit einem Pfeil gekennzeichneter Cochostrake markiert, auf der Rückseite erkannte man einen Conchostraken mit relativ großer LS und ovaler Skulptur. Die Formen sind sehr klein aber nicht juvenil. Die Sedimentfarbe steht im Gegensatz zu Material, was Kozur beschrieben hatte.

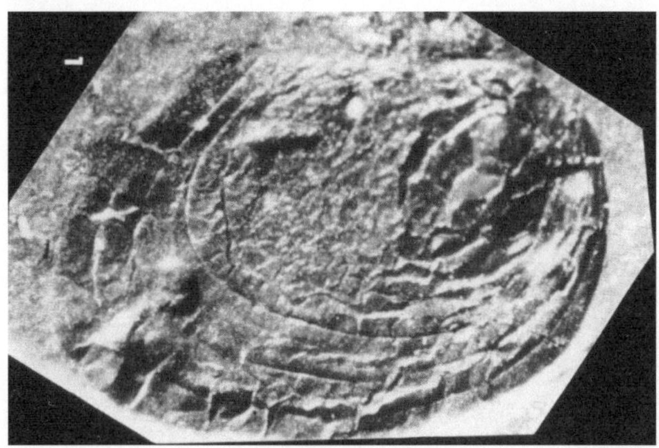

Abb. 17. *Lioestheria tenella* (Bronn, 1850),Topotyp in KOZUR & SITTIG (1981)
Fig. 17. *Lioestheria tenella* (Bronn, 1850), topotype in KOZUR & SITTIG (1981)

Kozur gelang es auch, neues Topotypenmaterial an der Typuslokalität in Zusammenarbeit mit E. Sittig (Univ. Karlsruhe) zu gewinnen. Eine eigens dazu vorgenommene Erkundungsbohrung erbrachte u.a. in Schicht 36 neues Conchostraken-Material, publiziert in KOZUR & SITTIG (1981): „Es handelt sich um schwarze, z.T. etwas schluffige Tonsteine mit dünnen hellen sekundären Spaltenfüllungen und kleinen Brauneisenkügelchen (wohl primär Pyrit)". Der Nachweis des Stratum typicum von „*Posidonomya*" tenella war gegeben und der Artname konnte reaktiviert werden.
Gattungsmäßig ordneten KOZUR & SITTIG (1981) die Art „*tenella*" zu der von NOVOJILOV (1970) aufgestellten Gattung *Megasitum* und erläuterte die Abgrenzung zu der Gattung *Lioestheria*. Novojilov´s Gattungsdiagnose zu *Megasitum* entspräche voll und ganz der Merkmale von „*tenella*". Typusart der Gattung *Megasitum* ist *Megasitum harmonicum* Novojilov, 1970 und stammt aus einer Bohrung im östlichen Ural. Der in GORETZKI (2003) abgebildete Holotypus zu *Megasitum harmonicum* (Taf. 3, Fig. 12) zeigt neben einer relativ großen LS, eine kräftige Skulptur nahe des Vorderrandes der LS. Besonders in der Zeichnung in CHEN & SHEN (1985) bildet der DR zwischen Vorderrand des Carapax und der LS einen geraden dv-Abschnitt. Das ist ein deutlicher Unterschied zur Gattung *Lioestheria*. Bisher gibt es keine Nachweise dieser Merkmalskombination bei Conchostraken des Unteren Perm. Die Verwendung des Gattungsnamen *Megasitum* durch Kozur ist nicht akzeptabel. Die Art „tenella" im Sinne von BRONN (1850) gehört damit eindeutig zur Gattung *Lioestheria* = **Lioestheria tenella**. Damit wird deutlich, dass eine Vielzahl von „tenella"- Arten in der Literatur nicht zu „tenella" in der Urfassung von BRONN (1850) gehören. Eine größere Ahnlichkeit der Schalenausbildung besteht

zwischen der Art *Lioestheria tenella* (Bronn, 1850) und der in diesem Beitrag neu beschriebenen Conchostraken-Art *Lioestheria arroyoensis* sp. nov. aus der Arroyo Formation von Texas. Das bestätigt auch ein jüngeres Alter der Fossilhorizonte von Sulzbach im Schwarzwald, als von Kozur in KOZUR & SITTIG (1981) angenommen wurde.

Gattung: Megasitum Novozilov, 1970

Die Typusart zu *Megasitum* ist *Megasitum harmonicum* Novozilov, 1970 aus dem russsischen Oberperm. Das charakteristische Merkmal ist eine deutlich große larvale Schale mit einer nach oben zum Dorsalrand zugespitzten Aufwölbung. Im Gegensatz zu *Lioestheria* verlaufen die AST mit flachem Winkel zum geraden Dorsalrand. HOLUB & KOZUR 1981 vermuten, dass sich die Vertreter der Gattung *Megasitum* aus Vertretern der Gattung *Lioestheria* entwickelten. Diese Annahme bleibt bisher reine Spekulation.

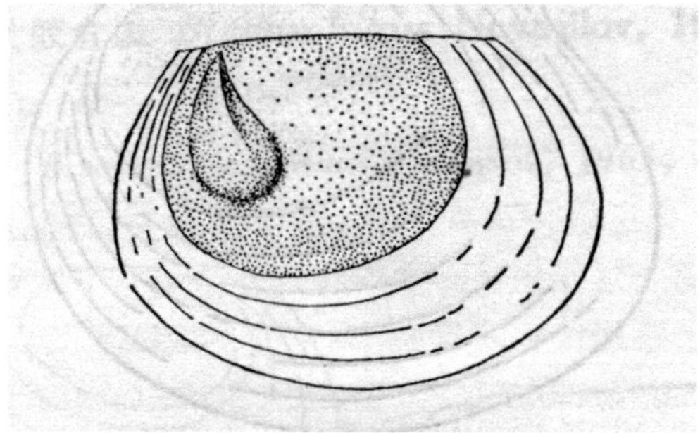

Abb. 18. *Megasitum harmonicum* Novojilov, 1970, Abb. in NOVOJILOV 1970
Fig. 18. *Megasitum harmonicum* Novojilov, 1970, fig. in NOVOJILOV 1970

Abb. 19. *Megasitum harmonicum* Novojilov, 1970, Holotyp, Abb in GORETZKI (2003)
Fig. 19. *Megasitum harmonicum* Novojilov, 1970, holotype, fig. in GORETZKI (2003)

Gattung: *Estheria*

Der Gattungsname *Estheria* kann für Conchostraken nicht mehr genutzt werden, seit bekannt ist, dass dieser Name bereits für eine Insektengattung vergeben wurde. Dennoch tauchte der Gattungsname über Jahrzehnte in der Literatur auf.

Art: „*Estheria*" *limbata Goldenberg, 1877:*

1877 *„Estheria" limbata*, Goldenberg, Fauna saraep. foss., 2, S. 43, T. 2, F. 12–14. Der Lectopypus wurde von P. GUTHÖRL (1934) ausgewählt: = Urstück zu Taf. 2, Fig. 1 bei Guthörl, Original im Britischen Museum London, I. 3119. Der Locus typicus ist Saarbrücken. Das Stratum typicum entspricht dem Oberen Oberkarbon, Untere Ottweiler-Formation: L= 3,5 mm, H= 2,5 mm. Taxonomie aktuell: *Pseudestheria limbata* (Goldenberg, 1877)

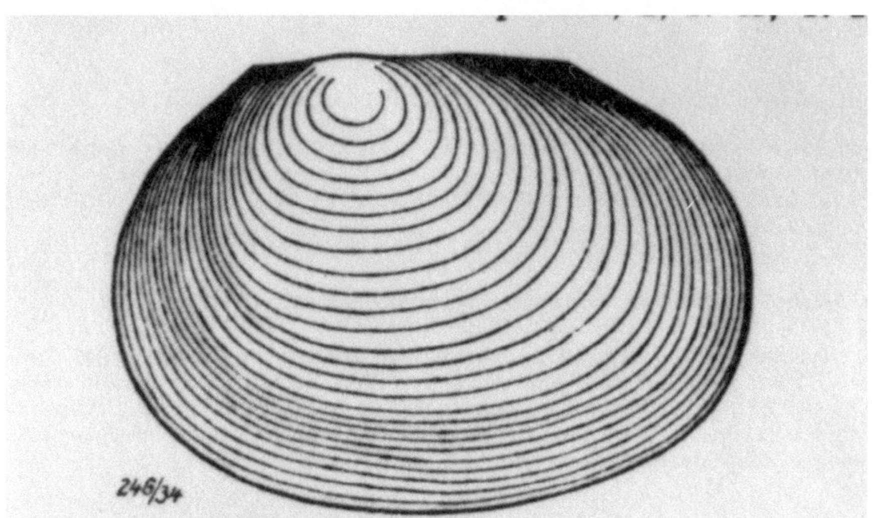

Abb.20. *„Estheria" limbata* Goldenberg, 1877, aus GOLDENBERG (1877) = *Pseudestheria limbata* (Goldenberg, 1877)
Fig. 20. *„Estheria" limbata* Goldenberg, 1877, in GOLDENBERG (1877) = *Pseudestheria limbata* (Goldenberg, 1877)

Art: „*Estheria*" *rimosa Goldenberg, 1877:*

1877 *“Estheria” rimosa*, Goldenberg, Fauna saraep. foss., 2, S. 44, T. 2, F. 16–18. Der Lectotypus wurde von P. Guthörl ausgewählt: = Urstück zu Taf. 2, Fig. 2, Original im Britischen Museum, London: I. 3096. Der Locus typicus liegt bei Saarbrücken. Das Stratum typicum entspricht dem Oberen Oberkarbon, Untere Ottweiler-Formation: L= 3,5 mm, H= 2,4 mm, Taxonomie aktuell: *Pseuestheria rimosa* (Goldenberg, 1877).

Abb.21. „Estheria" rimosa Goldenberg, 1877, aus GOLDENBERG (1877) = *Pseudestheria rimosa* (Goldenberg, 1877)
Fig. 21. „Estheria" rimosa Goldenberg, 1877, from GOLDENBERG (1877) = *Pseudestheria rimosa* (Goldenberg, 1877)

Gattung Paleolimnadiopsis Raymond, 1946:

Die Typusart zu dieser Gattung ist *Paleolimnadiopsis carpenteri* Raymond, 1946, Tafel 120, Figuren 5–6, Wellington Formation, Leonardian, Cisuralian, lower Permian, Noble County, Oklahoma. Verwandte Arten findet man auch im Karbon/Unterperm-Grenzbereich von Deutschland (z.B. Saar-Nahe-Gebiet). Die Gattung enthält die größten Conchostraken des Paläozoikums (MARTENS 1986b).

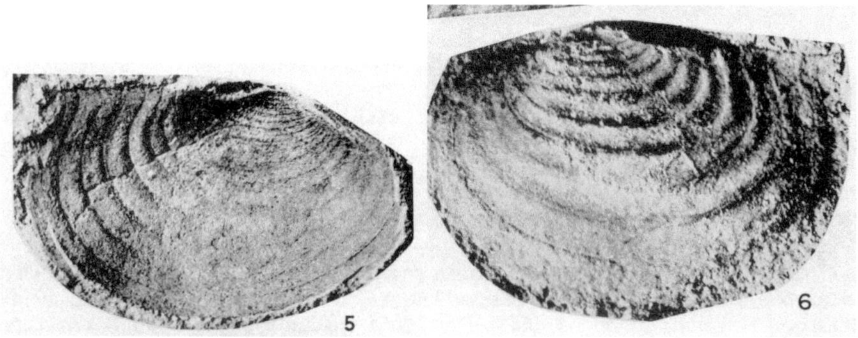

Abb.22. *Paleolimnadiopsis carpenter* Raymond, 1946, Abb in RAYMOND (1946)
Fig. 22. *Paleolimnadiopsis carpenter* Raymond, 1946, fig. in RAYMOND (1946)

Arten : *„Estheria" drummi Guthörl, 1931 und „Estheria" obenaueri Guthörl, 1931*

GUTHÖRL (1931) beschieb aus den Lebacher Toneisenstein-Geoden zwei durch ihre Größe auffallende Conchostrakenarten als *„Estheria" drummi* und *„Estheria" obenaueri.* Die in seiner Arbeit wiedergegebenen Zeichnungen enthalten vor allem im Wirbelbereich deutliche Fehler. Guthörl erkannte nicht, daß die larvale Schale des Carapax einen Dorsalrand ausbildet, die ersten AST also nicht kreisförmig um die LS verlaufen können. Ein Vergleich der Typusserien zu *„Estheria" drummi* und *„Estheria" obenaueri* zeigt deutlich, daß es sich bei den zahlreich auf der Schichtfläche vorkommenden Schalenresten von *„Ersteria" drummi* um juvenile Exemplare von *„Estheria" obenaueri* handelt. *„Estheria" obenaueri* ist daher die zu verwendende Art. MARTENS (1984) ordnete die Art zur Gattung *Palaeolimnadiopsis* Raymond, 1946. Die Typusart der Gattung ist *Palaeolimnadiopsis carpenteri* Raymond, 1946, stammt aus der unterpermischen Wellington-Formation der USA. Wie man aus Taf. 2 in TASCH (1975) erkennen kann, besteht in einigen Merkmalen gute Übereinstimmung zu *Palaeolimnadiopsis obenaueri*. Im Unterperm von Texas wurden bisher keine vergleichbaren Conchostraken nachgewiesen. Dies verwundert und sagt aus, daß zur Feststellung der Conchostrakenfauna des texanischen Unterperm noch weitere Untersuchungen notwendig sind. Mit großer Sicherheit wird man dann auch Vertreter der Gattung *Palaeolimnadiopsis* Raymond, 1946 nachweisen, da der Fundort für das Typusmaterial aus dem Cisuralian des benachbarten Oklahoma, Noble County, stammt. (TASCH 1975, MARTENS 1986b).

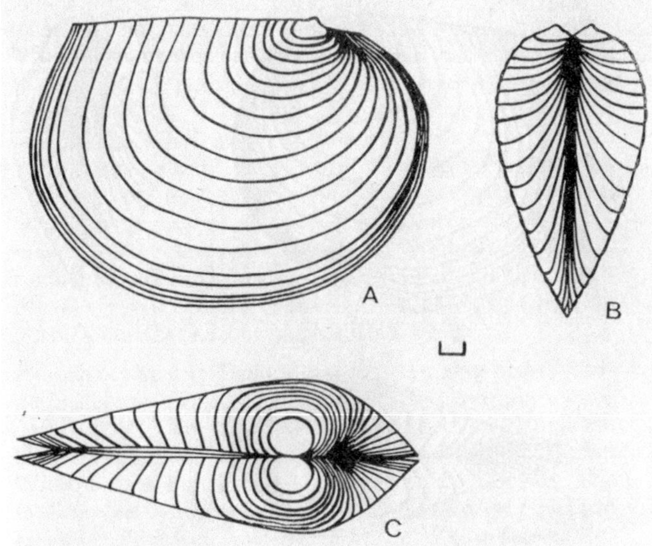

Abb.23. *Palaeolimnadiopsis obenaueri* (Guthörl, 1931) in 3 Ansichten (A, B, C), Abb. in MARTENS (1984), Maßstab = 0,5 mm
Fig. 23. *Palaeolimnadiopsis obenaueri* (Guthörl, 1931) in 3 views (A, B, C), fig. in MARTENS (1984), scale = 0,5 mm

Das Original zu GUTHÖRL (1931) befindet sich im Naturhist. Verein Bonn, Nr. 47, der Locus typicus entspricht den ehemaligen Toneisensteingruben von Lebach im Saar-Nahe-Gebiet., unteres Perm, Top der Lauerecken/Odernheim-Formation

Art: „Estheria" striata (Münster) v. Muensteriana Jones & Woodward, 1893

Ein Conchostraken-Carapax (Länge = 3,66 mm und Höhe = 2,0mm) wurde von JONES & WOODWARD (1893) als „Estheria" striata (Münster) v. Muensteriana aus einem bläulich-grauen Tonstein von Altenstadt in der Wetterau beschrieben. Entdeckt wurden die Conchostraken von Baron v. Reinach. Die weiteren Fossilfunde bestehen aus: „Xenacanthus Decheni Goldfuss; Acanthodes sp. und Branchiosaurus amblyostomus Credner (Protriton petrolei Gaudry)" usw.
HOLUB & KOZUR (1981) gründeten mit der Art „Estheria" striata (Münster) var. Muensteriana Jones & Woodward, 1893 die Gattung Limnestheria und benannten die Art Limnestheria muensteriana (Jones & Woodward, 1893). Ihre Beschreibung lässt aber keine eindeutige Abgrenzung der Art zu ähnlichen Arten zu. Das Originalmaterial war den Autoren sicher nicht bekannt. Möglicherweise ist das Typusmaterial im Sinne einer modernen Revision nicht bestimmbar. Zum Holotypus hatten HOLUB & KOZUR (1981) das Exemplar in Abbildung 1, Taf. 19 in JONES & WOODWARD (1893) bestimmt. Nach modernen taxonomischen Möglichkeiten kann anhand der Abbildungen in JONES & WOODWARD (1893) nicht einmal eine sichere Zuordnung zu einer Gattung (Lioestheria oder Pseudestheria oder zu einer anderen Gattung) erfolgen. Zur Klärung der Frage, ob man den Artnamen (bzw. Gattungsnamen) weiterhin verwenden kann, müsste neues Topotypenmaterial gefunden werden. Bis zu diesem Zeitpunkt, sollte man den Art- bzw. Gattungsnamen nicht verwenden.

Abb. 24. „Estheria" muensteriana Jones & Woodward, 1893, Abb. in GORETZKY (2003)
Fig. 24. Estheria" muensteriana Jones & Woodward, 1893, fig. in GORETZKY (2003)

Abb.25. *Estheria striata* v. *muensteriana* Jones & Woodward, 1893, Abb. in JONES & WOODWARD, 1893
Fig. 25. *Estheria striata* v. *muensteriana* Jones & Woodward, 1893, fig. in JONES & WOODWARD, 1893

Art: Estheria geinitzii Jones & Woodward 1893:

In JONES & WOODWARD (1893) wurde die neue Art richtig beschrieben. Der Carapax besitzt eine relativ kleine und rundliche Gestalt mit einer Länge von 1,5 bis 2,5 mm. Sie benannten die Art nach ihrem alten Freund Hofrat Geinitz in Dresden, dessen Interesse an fossilen Entomostraken die Autoren hervorhoben. Das Material stammt vom Tunnel nahe Boos (Rhein-Nahe-Bahn-Strecke), etwa 1 km von Münster an der Nahe entfernt.
JONES & WOODWARD (1893) unterschieden auch eine Unterart: *„Estheria" geinitzii* var. *grebeana*. Es besteht aber nach neueren Untersuchungen des Verfassers kein Grund für die Abtrennung einer Unterart. In einem dunkelgrauen bis schwarzen Tonstein tritt ein Massenvorkommen auf. Die Carapax-Reste sind in einer hellgelblichen bis ocker-farbenen Schalenerhaltung überliefert und körperlich erhalten. Dies ist für

Conchostraken selten nachweisbar. Die deutliche Wölbung der Carapax-Hälften, die kleine LS und der relativ kurze DR sind typische Merkmale. Der Holotyp im Britischen Museum, London ist mit der Inventar-Nr. 2714 bezeichnet. Die Zugehörigkeit zu einer bereits bestehenden Gattung ist noch zu klären. Dies gilt auch für den Vergleich mit der bereits in MARTENS (1984) neu beschriebenen Art *Pseudestheria pfeffelbachensis* Martens, 1984 aus dem Saar-Nahe-Gebiet.

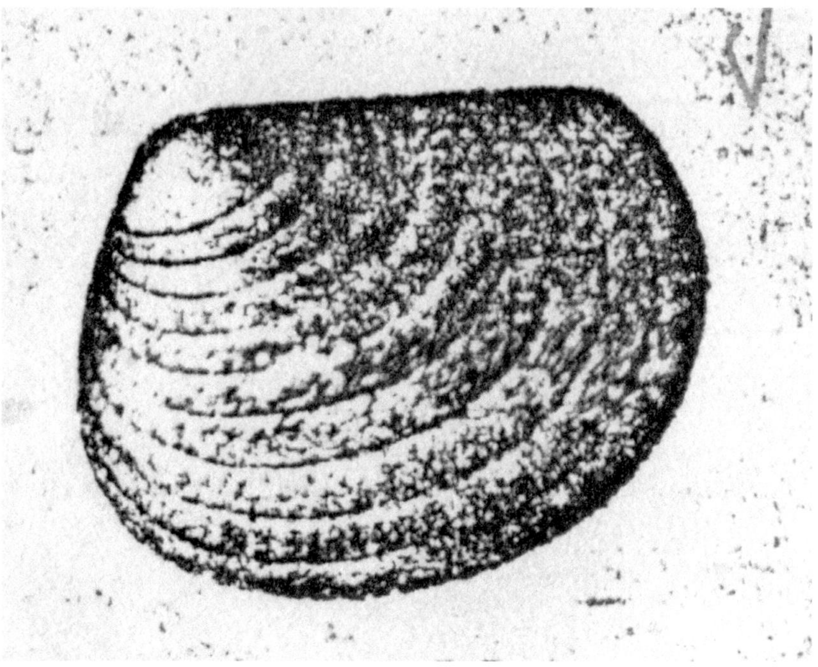

Abb.26. *Estheria geinitzii* Jones & Woodward, 1893, Abb. in JONES & WOODWARD, 1893, Länge der Carapax 2 mm
Fig. 26. *Estheria geinitzii* Jones & Woodward, 1893, fig. in JONES & WOODWARD, 1893, length of carapace = 2 mm

Gattung: Estheriina

Art: Estheriina extuberata Jones & Woodward, 1899

Conchostraken der Art *Estheriina extuberata* erhielt T.R. Jones für seine Arbeit JONES (1862) vom Baron A. von Reinach. Der Fundort wird mit „Stegocephalen-Kalk bei Frankfurt am Main" angegeben. Damit führt die Spur in die Wetterau. Im oberflächlichen Anschnitt sind Teile des Wetterau-Teilbeckens im Südwesten des Hessischen Beckens aufgeschlossen (KOWALCZYK & HERBST 2012). Bevor man mit dem Artnamen weiter arbeiten kann, müsste zunächst im genannten Gebiet die Typuslokaltität aufgefunden werden.

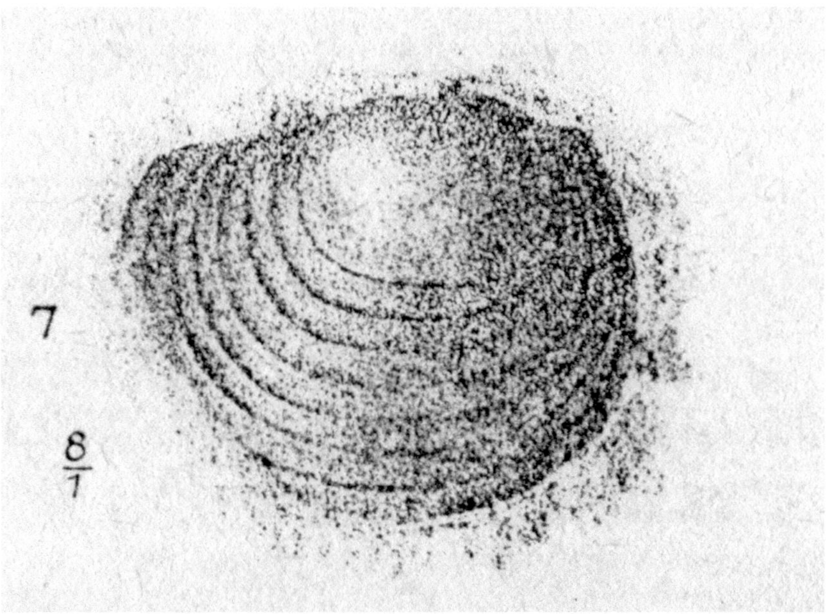

Abb.27. *Estheriina extuberata Jones & Woodward, 1899*, Abb. aus JONES & WOODWARD (1899)
Fig. 27. *Estheriina extuberata Jones & Woodward, 1899*, fig. in JONES & WOODWARD (1899)

Herr Kowalczyk teilte mir bereits 1980 bzw. 1982 mit, dass Conchostraken aus dem unteren Rotliegend beschrieben wurden. Die bei JONES & WOODWARD (1899) genannten Conchostraken stammten wohl aus dem Gemeindesteinbruch Altenstadt, aus dem auch ein Stegocephale beschrieben wurde. Die Originale im Britischen Museum lieferte 1899 Baron v. Reinach. Deren Typuslokalität ist nicht mehr vorhanden, heute verfüllt. Die ehemals aufgeschlossenen Gesteinsschichten gehören zur Altenstadt-Formation des tieferen Rotliegend der Wetterau.

In HOLUB & KOZUR (1981) wird der Artname „extuberata" lediglich auf Grund einer Zeichnung und einer Beschreibung reaktiviert und auf eine sehr gut überlieferte Cochostrakenfauna aus der Unteren Oberhof-Formation (Lok. Lochbrunnen) des Thüringer Waldes übertragen (MARTENS 1983b). Das Vorgehen ist sehr problematisch, solang kein neues auswertbares Conchostrakenmaterial aus der Altenstadt-Formation der Wetterau vorliegt, welches eine Übereinstimmung auf dem Artniveau erkennen lässt. Vorerst sollte man den Artnamen „extuberata" nicht verwenden. Damit vermeidet man eine taxonomische Namensfalle, sollte neues Material gefunden werden, das Unterschiede zu den Conchostraken der Lok. Lochbrunnen erkennen lässt. Es ist daher sinnvoll, vorerst die von MARTENS (1983b) beschriebene Conchostrakenfauna vom Lochbrunnen bei Oberhof weiterhin als *Lioestheria pseudotenella* zu benennen.

In der Zeichnung (Abb. 26) sind weder die typischen Merkmale der Gattung *Lioestheria* noch das Scharnier und die Skulptur der larvalen Schale deutlich erkennbar. Das Typusmaterial zu „*extuberata*" ist bisher nicht bekannt – es müsste im Britischen Museum London liegen, konnte aber 1993 vom Verfasser nicht gefunden werden. Auch aus diesem Grund sollte der Artname „*extuberata*" vorläufig nicht genutzt werden.

Gattung: *Protolimnadia Kozur & Sittig, 1981*

Für die von HOLUB & KOZUR (1981) begründete Conchostraken-Gattung *Protolimnadia* wurde *Estheria calcarea* Fritsch, 1901 zur Typusart bestimmt. Betrachtet man die Abbildungen in FRITSCH (1901, Taf. 160, Fig. 9 und 10, sowie Taf. 161, Fig. 4) erhält man lediglich die Information, dass es sich um Conchostraken handelt. Da die Fossilien aus Straßenschotter gewonnen wurden, ist eine Benutzung des Namens „*calcarea*" mehr als problematisch und wird vom Autor abgelehnt. HOLUB & KOZUR (1981) hatten zwar von einem in der Nähe befindlichen Aufschluss neues Material gewonnen und als „*calcarea*" beschrieben aber selbst dieses in HOLUB & KOZUR (1981) abgebildete Conchostrakenmaterial zeigt kaum Merkmale des DR, nur eine Andeutung einer schwach skulpturierten LS und zahlreiche AST der adulten Schale. Die Aufstellung einer neuen Gattung mittels eines zu mangelhaft erhaltenen Topotypen-Materials, ist für eine nutzbare Taxonomie fossiler Conchostraken schädlich und abzulehnen. Die Gattung *Protolimnadia* und die Art *calcarea* sollte nicht weiter im Vergleich mit anderen Faunen genutzt werden.

Abb.28. *Protolimnadia calcarea* (Fritsch, 1901) emend Kozur & Sittig, 1981, Foto aus KOZUR UND SITTIG (1981)
Fig. 28. *Protolimnadia calcarea* (Fritsch, 1901) emend Kozur & Sittig, 1981, photo in KOZUR UND SITTIG (1981)

Art: *Protolimnadia kowalczyki* Kozur, 1991/1992

G. Kowalczyk entdeckte zu Beginn der 80er Jahre des 20. Jahrhunderts in der oberen Bleichenbach-Formation wenige, gut erhaltene Conchostraken. Sie stammen von der Lokalität Bahnhof Mittel-Gründau (Gem. Gründau). Das Profil (KOWALCZYK & PRÜFERT 1974, KOWALCZYK 1983) am Bahnhof Mittel-Gründau zeigt einen Ausschnitt aus dem oberen Teil des obersten Rotliegend der Wetterau in Beckenfazies. Rote Silt- und Tonsteine mit grüngrauen Entfärbungshöfen mit zwei geringmächtigen Feinsandsteinbänken sind ausgebildet. Im Hangenden lagert ein 2,30 m mächtiger hellroter Feinsandstein mit Rippelschichtung, dann folgt allmählich im Hangenden Siltstein und ähnliche Gesteine wie im Liegenden. Die Sedimentgesteine sind Teil der oberen Bleichenbach-Formation. KOZUR (1991/92) beschrieb aus der oben genannten Lokalität die Carapax-Reste zweier Conchostraken der Kollektion Kowalczyk und nutzte die wenigen Fossilreste zur Aufstellung einer neuen Conchostrakenart mit dem Namen *Protolimnadia kowalczyki*.

Martens bekam ebenfalls die Chance, die Funde im Original zu sehen und hat sie zunächst komplett freipräpariert. Noch in der Abbildung 1 bei KOZUR (1991/92) war die zum Holotyp bestimmte Form noch nicht präparatorisch bearbeitet und die larvale Schale war nur unvollkommen zu erkennen. Das Originalmaterial befindet sich heute in der paläontologischen Sammlung des Musems der Natur Gotha (Stiftung Schloss Friedenstein Gotha).

Abb. 29. *„Protolimnadia kowalczyki"* Kozur, 1991/1992 in KOZUR 1991/1992, Sediment bedeckt noch Teile der Carapax, Foto Kowalczyk
Fig. 29. *"Protolimnadia kowalczyki"* Kozur, 1991/1992 in KOZUR 1991/1992, sediment covered parts oft the carapace, photo Kowalczyk

Abb. 30. *Lioestheria* cf. *monticula* Martens, 1983, obere Bleichenbach-Formation, Wetterau-Becken (nach der Präparation des Carapax in Abb. 28) Foto Kowalczyk
Fig. 30. *Lioestheria* cf. *monticula* Martens, 1983, upper Bleichenbach Formation (with preparation of carapace in fig. 28) photo Kowalczyk

Zur Diagnose der neuen Art schrieb Kozur in KOZUR (1991/1992): „Kleinwüchsige, subovale *Protolimnadia*-Art mit 5–8 scharf abgesetzten, glatten, breiten Anwachsstreifen". Dagegen ist zu sagen, dass die Zahl der Anwachsstreifen in der Regel keinem Artmerkmal entspricht, sondern ein Hinweis auf das Alter des Individuums (juvenil bis adult) darstellt. Der einzelne AST zeigt in der Regel eine konzentrische Rippe, die die Stabilität der Rundung der Schale erhöht. Sie ist also hier nicht glatt. Die „Absetzung" entsteht durch diese konzentrische Rippe. Die Breite des AST muss immer im Verhältnis zur Größe der Schale betrachtet werden und sagt etwas über das Anwachsverhältnis aus. "Der Dorsalrand ist gerade"…In den Abbildungen 1 und 2 bei KOZUR (1991/1992) ist das nicht erkennbar. Erst nach der Präparation und der Möglichkeit einer seitlichen Betrachtung des Carapax ist der gerade Dorsalrand erkennbar. KOZUR (1991/1992) berichtete weiter: „im Bereich des großen, glatten freien Wirbels leicht konvex". Der Dorsalrand der larvalen Schale ist ebenfalls gerade. Bei weiteren, folgenden Häutungsvorgängen wird der Dorsalrand stets gerade verlängert. Der „freie Wirbel" = Larvale Schale (LS) zeigt eine Skulptur (mützenförmige Aufwölbung) mit einem schwachen radialen Element – glatt ist die LS demnach nicht. „Vorder- und Hinterrand sind gleichmäßig gerundet". Das ist kein Artmerkmal und in der Regel bei allen Conchostraken ausgebildet. Was Kozur mit der Aussage „Der Hinterrand ist oben nicht abgeschrägt oder konkav eingezogen" meint, ist nicht zu ergründen. Die Größe der Carapax lässt den Holotyp als juveniles Exemplar einstufen. Die größte Ähnlichkeit der Art *P. kowalczyki* besteht mit der Art *Lioestheria monticula* aus der Tambach-Formation des Thüringer Waldes. Erst der Nachweis weiterer Conchostraken in der Bleichenbach-Formation kann die taxonomische Frage restlos klären.

Abb.31 *Lioestheria* cf. *monticula* Martens, 1983, obere Bleichenbach-Formation, Foto G. Kowalczyk
Fig. 31 *Lioestheria* cf. *monticula* Martens, 1983, upper Bleichenbach Formation, photo G. Kowalczyk

Gattung: Leaia Jones, 1862

Typusart: *Cypricardia leidyi* Lea, 1855
Vertreter der Gattung *Leaia* bzw. Gattungen der Familie der Leaiidae wurden in den USA im Unterperm von Oklahoma und in anderen Lokalitäten nachgewiesen. Vertreter der Familie der Leaiidae fehlen bisher im Cisuralian von Nord-Zentral Texas. Folgende Gattungen bzw. Arten wurden beschrieben:

Art: Leaia leidyi (Lea, 1855)
Locus typicus: Tumbling Run Dam, etwa 1 Maile südöstlich von Pottsville, Pennsylvania (USA)
Stratum typicum: "roter Sandstein", Mauch Chunk Shale, Mauch Chunk-Group, Mississipian, Oberkarbon

Art: Leaia haynesi (Raymond, 1946)
Locus typicus: Central Falls, Pawtucket, Rhode `Island, Pennsylvania (USA)
Stratum typicum: Mittleres Pennsylvanian, Oberkarbon
Synonyme: Siehe MARTENS (1986a)

Art: *Leaia reflexa* Raymond, 1946

Locus typicus: 10 Meilen nördlich von Perry, Noble County, Oklahoma (USA)
Stratum typicum: Wellington Formation, Leonardian, Cisuralian

Gattung: *Pseudestheria* Raymond, 1946:

Von MARTENS (1983b) wurde die Familie Pseudestheriidae Martens, 1983 begründet. In diese Familien wurden alle Conchostraken-Gattungen einbezogen, die einen geraden bis schwach gebogenen Dorsalrand besitzen. Der dh-Abschnitt des Dorsalrandes besteht aus zwei gleichlaufenden Carapax-Rippen, zwischen denen eine schwache dachrinnenartige Einkerbung verläuft. Die Berührungslinie (Naht) der linken und rechten Schalenklappe befindet sich in der dorsalen Einkerbung. Von den dorsal gelegenen Rippen verlaufen die Anwachsstreifen bzw, äußeren Schalenränder der früheren Häutungsstadien konzentrisch in Richtung Wirbel und erzeugen das charakteristische Merkmal eng gebündelter Striemen oder Strahlen (Abb 34, 35). **Nur wenn dieser Merkmalskomplex im Bereich des Dorsalrandes erkennbar bzw. erhalten ist, kann die Art- und Gattungsspezifik bestimmt werden.**
Bedauerlicherweise wurde von Conchostraken-Bearbeitern, die nach 1983 über paläozoische Conchostraken publizierten, dieser wichtige, taxonomische Merkmalskoplex nicht berücksichtigt oder nicht erkannt (GORETZKI 2003, SCHOLZE et al. 2015 u.a). Das schmälert den Aussagewert ihrer Arbeiten. Zu beachten ist, dass die dachrinnenartige Einkerbung zwischen den dorsalen Rippen auch bei den Lioestheriidae Martens, 1983 vorkommt. Hier verlaufen allerdings die AST- Linien in den Dorsalrand des Carapax im Winkel + - 90° in die Einkerbung zur eigentlichen Naht des Dorsalrandes und bilden hier keine Striemen oder Strahlen.
Die Typusart der Gattung *Pseudestheria* ist *Pseudestheria brevis* Raymond,1946 (MCZ-4798). Die Conchostraken stammen aus der unterpermischen Wellington Formation der Lokalität SW ¼, NW ¼, Sec 2, T21N, R1W in Noble County, Oklahoma (USA) Der Nachweis glückte auch in weiteren Lokalitäten in Noble County (Slg. F.M. Carpenter und G. O. Raasch). Zu den Paratypen gehören: MCZ-4790 und MCZ-4805. Die Lokalität wird der Wellington Formation (Leonardian) dem Cisuralian zugeordnet. Die gleichfalls von RAYMOND (1946) aus der Wellington Formation beschriebenen Arten *Pseudestheria plicifera*, *Pseudestheria rugosa* und *Pemphicyclus laminatus* entsprechen nach eingehenden Untersuchungen am ausgeliehenen Originalmaterial ebenfalls der Art *Pseudestheria brevis* (MARTENS 1986b). Bei *Pemphicyclus laminatus* handelt es sich um juvenile Exemplare von *Pseuestheria brevis*. Die Art *Pseudestheria brevis* Raymond ist damit eine Charakterart im höheren Unterperm.
Wichtige Merkmale der Gattung sind der dachrinnenartig eingefurchte Dorsalrand mit zwei Rippen, eng fächerartig gebündelte internen AST und eine relativ kleine LS mit kleiner Skulptur. Damit gelangte ein charakteristisches Merkmal in die bei RAYMOND (1946) sehr breit aufgestellte Gattung aus der Zeitspanne Devon bis Trias.
Möglicherweise im Oberperm, aber sicher in der Unteren Trias tauchen verstärkt Conchostraken ohne dorsale Rippen und dachrinnenartige Einkerbung auf. Die permokarbonischen Formen mit dachrinnenartiger Einkerbung starben möglicherweise im Oberperm oder nahe der Grenze zur Trias aus – es verschwanden mehrere Familien!

Abb.32. *Pseudestheria brevis* Raymond, 1946, Holotyp: MCZ 4798, Größe: 5, 5 mm lang, 3,5 mm hoch, Lokalität SW ¼, NW ¼, Sec. 2, T21N, R1W, Noble County, Oklahoma, Stratigraphie: Wellington Formation, Cisuralian
Fig. 32. *Pseudestheria brevis* Raymond, 1946, holotype: MCZ 4798, l= 5, 5 mm,h= 3,5 mm, loc. SW ¼, NW ¼, sec. 2, T21N, R1W, Noble County, Oklahoma, Wellington Formation, Cisuralian

Abb.33. *Pseudestheria brevis* Raymond, 1946, Holotyp – Dorsalrandansicht der rechten Schale mit Rippe, Einkerbung und Fächerbildung der AST, Noble Couty, Oklahoma, USA, Wellington Formation, Cisuralian
Fig. 33 *Pseudestheria brevis* Raymond, 1946, holotype – dorsal view, right shell with fine fan-shaped striation of the growth lines structure, Noble Couty, Oklahoma, USA, Wellington Formation, Cisuralian

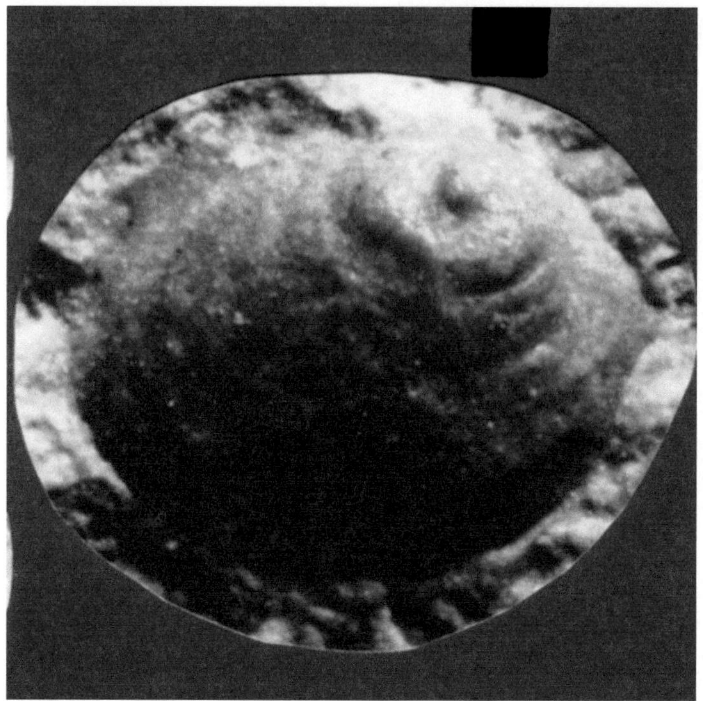

Abb.34. *Pseudestheria brevis* Raymond, 1946 – juveniler Carapax mit Skulptur auf kleiner LS, Noble Couty, Oklahoma, USA, Wellington Formation, Cisuralian
Fig. 34. *Pseudestheria brevis* Raymond, 1946 – juvenil carapace with sculpture at the small LS, Noble Couty, Oklahoma, USA, Wellington Formation, Cisuralian

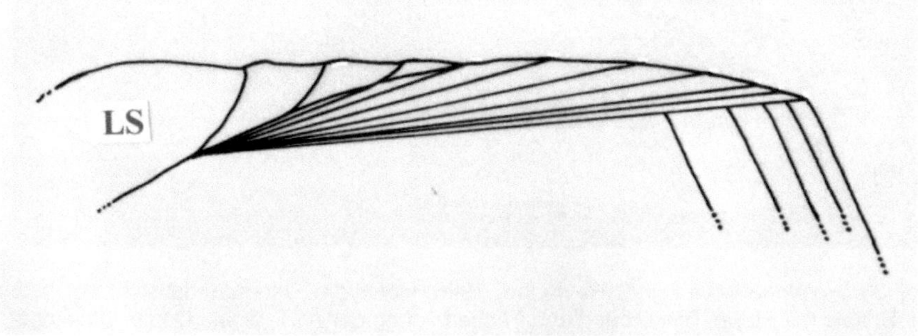

Abb.35. *Pseudestheria brevis* Raymond, 1946 – Blick auf den Dorsalrand mit Teil der LS, Innenansicht der Fächerbildung der AST
Fig. 35. *Pseudestheria brevis* Raymond, 1946 –dorsal view to the DM with part of the LS, interior view of the right shell with fine fan-shaped striation of the growth lines structure

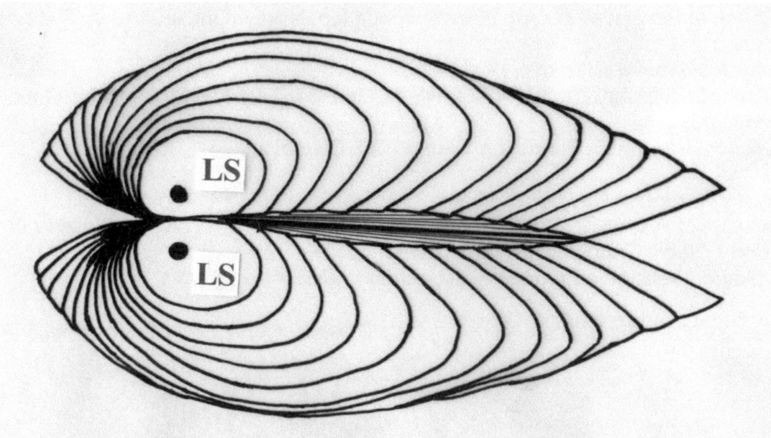

Abb.36. *Pseudestheria brevis* Raymond, 1946, dorsale Ansicht der Carapax mit fächer-artiger Struktur der AST nahe DR
Fig. 36. *Pseudestheria brevis* Raymond, 1946, dorsal view of the carapace with fine fan-shaped striation of the growth lines structure near the DM

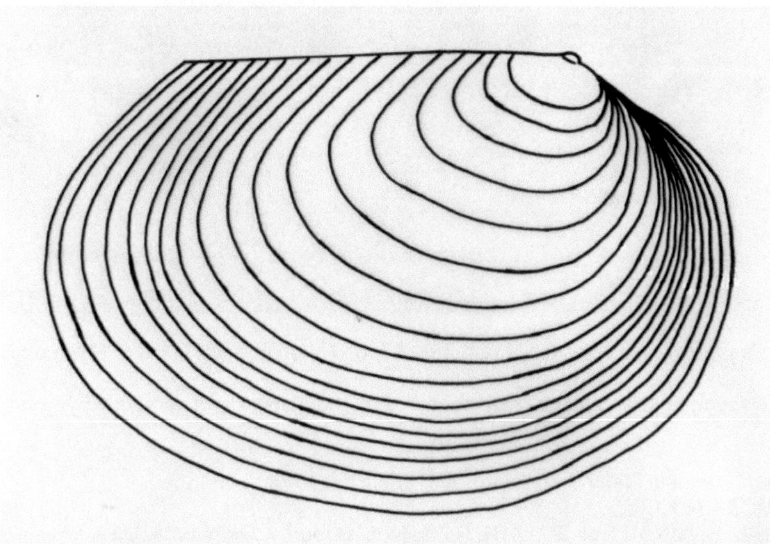

Abb. 37. *Pseudestheria brevis* Raymond, 1946, Holotyp, lateral Ansicht der rechten Schale
Fig. 37. *Pseudestheria brevis* Raymond, 1946, holotype, lateral view, right shell

Folgende Arten entsprechen der Art: *Pseudestheria brevis* Raymond, 1946:

1. *Pemphicyclus laminatus* Tasch, 1961:
Locus typicus: Holotyp: MCZ 4782: SE ¼, NE ¼, Sec. 34, T 22 N, R 1 W, Noble County, Oklahoma (USA)
Stratum typicum: Wellington Formation, Leonardian, Cisuralian,

2. *Pseudestheria rugosa* Raymond, 1946
Locus typicus: Holotyp: MCZ 4806: SW-Ecke, Sec. 28, T 23 N, R1W, 10 Meilen nördlich von Perry, Noble County, Oklahoma (USA)
Stratum typicum: Wellington Formation, Leonardian, Cisuralian,

Abb.38. "*Pseudestheria rugosa*" Raymond, 1946, Holotyp = *Ps. brevis* Raymond, 1946
Fig. 38. "*Pseudestheria rugosa*" Raymond, 1946, holotype = *Ps. brevis* Raymond, 1946

3. Lioestheria raaschi Raymond, 1946 = *Ps. brevis* Raymond, 1946
Holotyp: MCZ 4781,
Lokalität: SW ¼, NW ¼, Sec. 2, T21N, R1W, Noble County, Oklahoma, USA
Stratigraphie: Wellington Formation, Cisuralian

Abb. 39. *"Lioestheria raaschi"* Raymond, 1946 = *Ps. brevis* Raymond, 1946
Fig. 39. *"Lioestheria raaschi"* Raymond, 1946 = *Ps. brevis* Raymond, 1946

Abb. 40. *"Lioestheria raschi"* Raymond, 1946, juveniles Exemplar von *Ps. brevis* Raymond, 1946
Fig. 40. *"Lioestheria raschi"* Raymond, 1946, juvenile specimen of *Ps. brevis* Raymond, 1946

Art: *Pseudestheria plicifera Raymond, 1946, = Ps. brevis Raymond, 1946*

Der Holotyp ist: MCZ 4791,
Lokalität: SE ¼, NE ¼, Sec. 34, T22N, R1W, Noble County, Oklahoma, USA
Stratigraphie: Wellington Formation, Cisuralian

Art: *Lioestheria ? andreevi Zaspelova, 1968*

Abb. 41. *Lioestheria? andreevi* Zaspelova, 1968, Abb. in ZASPELOVA (1968), S. 232, Taf. 58, Fig. 6, Abb. in KOZUR & SITTIG (1981)
Fig. 41. *Lioestheria? andreevi* Zaspelova, 1968, fig. in ZASPELOVA (1968), p. 232, pl. 58, fig. 6, fig. in KOZUR & SITTIG (1981)

Die Art *Lioestheria? andreevi* Zaspelova, 1968 mit dem Holotyp: Nr. 9/2904 aus Slg. in Leningrad stammt von Kijminskaja svita, gelegen im nordwestlichen Teil von Zentral-Kasachstan, Unterperm (KOZUR & SITTIG 1981, S.16–17) KOZUR & SITTIG (1981) behaupteten, daß *Lioestheria? andreevi* Zaspelova mit der von MARTENS (1983b) beschriebenen Conchostraken-Art *Lioestheria monicula* vom Bromacker der Tambach-Formation des Oberrotliegend des Thüringer Waldes identisch sei. Sie behaupten dies, ohne das Originalmaterial von ZASPELOVA (1968) gesehen zu haben. Nur aus den Abbildungen in ZASPELOVA (1968) kann keine exakte taxonomische Zuordnung erfolgen. Dabei spielt auch die mögliche Existenz eines Merkmalskomplexes der Gattung *Pseudestheria* eine Rolle. Erst müssen diese Fragen mit dem Typusmaterial geklärt werden. Bis zur Klärung der Taxonomie wird die Conchostrakenart vom Bromacker weiterhin als *Lioestheria monticula* bezeichnet.

Art: *Pseudestheria? wilhelmsthalensis* sp. nov.

Die ersten Conchostraken in den Unteren Tonsteinen (Schieferton 1) der Eisenach-Formation des Thüringer Waldes fand der Autor 1979/80 nach mehreren gezielten Prospektionen südlich Eisenach. Locus typicus ist der westliche Steilhang des Elte-Baches nördlich der Taubenellen-Mühle zwischen Etterwinden und Wilhelmsthal. Die Conchostraken wurden als erste Körperfossilien in den durchweg rotbraunen Tonsteinen von MARTENS (1982) als *Pseudestheria* n. sp. W beschrieben. Es folgten weitere Beschreibungen bzw Erwähnungen: In MARTENS (1983) werden die Conchostraken aus der Eisenach-Formation als *Pseudestheria* n. sp. W bezeichnet und genauer auf Seite 87 – 89 beschrieben: Abb. 39, Taf. 42, Fig. 1–7; Taf. 43, Fig. 1–6; Taf. 44, Fig. 1–6; Taf. 45, Fig. 1 u. 3.

Abb. 42. *Pseudestheria? wilhelmsthalensis* n. sp. Holotyp: MNG-3507-1-1, Gegedruck zu MNG-3507-57-1, Maßstab = 1 mm, Abb. in MARTENS (1983a), Tafel 42, Abb. 4, 5

Fig. 42. *Pseudestheria? wilhelmsthalensis* n. sp. holotype: MNG-3507-1-1, counterpart of MNG-3507-57-1, scale = 1 mm, fig. in MARTENS (1983a), pl.42, fig. 4, 5

Abb. 43. *Pseudestheria*? *wilhelmsthalensis* n. sp. Paratyp: MNG-3507-71-1, Abb. in
MARTENS (1983b), Taf. 43, Abb. 1, 2
Fig. 43. *Pseudestheria*? *wilhelmsthalensis* n. sp. paratype: MNG-3507-71-1, fig. in
MARTENS (1983b), pl.. 43, fig. 1, 2

Abb. 44. *Pseudestheria*? *wilhelmsthalensis* n. sp. Paratyp: MNG-3507-58-1, Abb. in
MARTENS (1983b),Tafel 42, Abb. 6, 7
Fig. 44. *Pseudestheria*? *wilhelmsthalensis* n. sp. paratype: MNG-3507-58-1, fig. in
MARTENS (1983b), pl. 42, fig. 6, 7

Abb. 45. *Pseudestheria? wilhelmsthalensis* n. sp., laterale Ansicht,L= 5,5 mm, Abb. in MARTENS (1983)
Fig. 45. *Pseudestheria? wilhelmsthalensis* n. sp., lateral view,L= 5,5 mm, fig. in MARTENS (1983)

Auch in MARTENS (1984, FFH C391) bezeichnete der Autor die Conchostraken noch als *Pseudestheria* sp. W. In einem Tagungsbericht der paläontologischen Tagung in Polen, 1988 (Ksiaz castle), erhielten die Conchostraken der Eisenach-Formation im Rahmen einer ersten Conchostraken-Zonengliederung den Artnamen *Pseudestheria wilhelmsthalensis*. In einer Übersicht der Conchostrakenarten des Oberkarbon und Unterperm von MARTENS (1994) wurde die Art „*wilhelmsthalensis*" aufgelistet. Die Art „*wilhelmsthalensis*" war aber bis heute nicht eindeutig definiert und beschrieben. Dennoch wurde sie von verschiedenen Autoren verwendet, auch für biostratigraphische Zwecke. Eine endgültige Beschreibung hatte der Autor immer wieder aufgeschoben, stets in der Hoffnung, besser erhaltenes Material aufzufinden. Auch eine Zuordnung zur Gattung *Pseudestheria* ist bisher nicht eindeutig wegen des Fehlens eines sicheren Nachweises einer dachrinnenartigen Ausbildung des DR mit der feinen Auffächerung der AST innerhalb der Rinne. Die bisher beschriebenen und abgebidteten Conchostraken aus der Eisenach-Formation sollten unabhängig von einer Klärung ihrer Gattungszugehörigkeit den bisher genutzten Artnamen *wilhelmsthalensis* beibehalten. Als Holotyp der Art *wilhelmsthalensis* wird die Form auf dem Belegstück MNG-3507-57-1 festgelegt (siehe Abb.42). der Locus typicus ist der westliche Steilhang der Elte nördlich der Taubenellen-Mühle zwischen Etterwinden und Wilhelmsthal, südlich Eisenach, Thüringer Wald, Germany. Stratum typicum sind die Unteren Tonsteine der Eisenach-Formation, Oberrotliegend (? höheres Perm). Die Beschreibung der Art *Pseudestheria? wilhelmsthalensis* entspricht den Angaben in MARTENS (1983b), S. 29

Pseudestheria? *wilhelmsthalensis* sp. nov.
Abb. 42, 43, 44, 45

Derivatio nominis:
Benannt nach dem Vorkommen der Art nahe dem Ort Wilhelmsthal bei Eisenach im Thüringer Wald
Holotyp:
MNG-3507-57-1, Abb. 42
Typuslokalität und Stratigraphie des Holotyps:
westlicher Talhang, Aufschluss nahe des Eltebaches zwischen Wilhelmsthal und Et-
terwinden bei Eisenach im Thüringer Wald, Unterer Tonstein der Eisenach-
Formation, Oberrotliegend, ?höheres Perm
Paratypen: MNG-3507-58-1, MNG-3507-71-1, Abb. 43 und 44
Diagnose und Beschreibung:
Eine fragliche *Pseudestheria* mit relativ großer Carapax, deutlich konvex, ovaler bis
rundlicher Umriß, LS relativ klein mit schwach erkennbarer Skulptur, DR schwach
gebogen und verhältnismäßig kurz. Der Wirbel ist deutlich ausgebidet, den DR nicht
wesentlich überragend. Die AST sind reativ breit, zahlreich und zeigen nur ein
schwaches Relief (Bild 30 B in MARTENS 1983b), Abb 45. Reste des Weichkörpers
und Eier sind bisher unbekannt. Die Art *Pseudestheria*? *wilhelmsthalensis* repräsen-
tiert auch heute noch die einzigen Körperfossilien in der Eisenach-Formation (MAR-
TENS 1979). S. Voigt hatte vor einigen Jahren an einer 2. Fundstelle in den Uneren
Tonsteinen nesterartig vorkommende Anhäufungen von Conchostraken der gleichen
Art gefunden. Weitere Untersuchungen sind notwendig, um zu klären, ob es sich vielleicht um eine neue Gattung handelt. Die stratigraphische Position der Eisenach-
Formation könnte dann besser festgelegt werde (? höheres Perm). Das würde die
zeitliche Lücke zur Tambach-Formation wesentlich vergrößern.

Maße:

Carapax-Länge (L)	Lmin (mm)	Lmax (mm)
Pseudestheria? *wilhelmsthalensis*	1,49	5,65

4 Die Conchostraken in Nord-Zentral Texas – Pennsylvanian (oberes Karbon) bis Cisuralian (unteres Perm) – eine Übersicht der untersuchten Lokalitäten

Die allgemeinen Aufschlussbedingungen in Nord-Zentral Texas werden von einer dünnen Besiedlung mit wenigen befahrbaren Verkehrswegen und von günstigen klimatischen Bedingungen eines niederschlagsarmen Kontinentalklimas geprägt. Daraus resultieren eine nur geringmächtige Verwitterungszone über dem Anstehenden, zahlreiche von der Erosion geprägte Trockentäler (Creek) mit den typischen Badlands und felsigen Steilkanten mit meist geringer Sprunghöhe. Die Vegetation besteht aus einem offenem Buschland und Grasflächen. Das Anstehende lässt sich über größere Entfernungen leicht verfolgen und aufschließen. Die aktuelle stratigraphische Gliederung des Cisuralian (unteres Perm) in Nord-Zentral Texas begründet sich vor allem auf die Arbeiten von HENTZ (1988), HOOK (1989), DiMICHELE et al. (2000), CHANEY et al. (2005) und WARDLAW (2005).

Im April 1992 wurden folgende Aufschlüsse in stratigraphischer Reihenfolge untersucht und beprobt. Für die stratigraphische Einstufung und die Lokalitätsbezeichnungen werden die englischen Begriffe beibehalten:

Markley Formation (Lower Bowie Group, Virgilian Series, Pennsylvanian)

Lokalität M1: Squaw Mountain Coal Mine, Jack County.
Stratigraphische Position: Markley Formation (oder Harpersville), Virgilian Series, Pennsylvanian
Probenahme: Th. Martens, Probe Nr. 16 am 24. April 1992
Gestein: ca, 20–30 cm Kohle, im Hangenden Schluff- und Tonsteine mit Pflanzen.
Conchostraken wurden nicht nachgewiesen
Begleitfauna und –flora: *Neuropteris* sp.

Lokalität M2: U. S. 281 Roadcut, 0,5 km north of U.S. 281 und FM 187 intersection, west side of road, Jack County, Antelope 7.5', UTM 14SNN58559790
Stratigraphische Position: Markley Formation (ss 12), Bowie Group, Virgilian-Wolfcampian – boundary
Probenahme: Th. Martens, Probe Nr. 17 am 25. April 1992 = USNM-528703 bis 528717
Gestein: gelblichgraue Sandsteine mit Ton- und Schluffsteinen, Sandsteine als Rinnenfüllung
Conchostraken: *Lioestheria pseudotenella* Martens, 1983, *Limnolimnadia ilfeldensis* Martens, 1983
Begleitfauna und -flora: 1. Insekten: Blattoidea – Reste, 2. Ostrakoden nicht bestimmbar, 3. Koniferen, 4. ? Peltaspermaceen
Sammlung: Martens 4/1992

Abb. 46. Fossilprospektion in Nord-Zentral Texas im April 1992
Fig. 46. Fossil prospection in North-Central Texas, April 1992

Archer City Formation (Upper Bowie Group, Wolfcampian Series, Cisuralian)

Lokalität A1: Archer City Bonebed 3, McGregor Ranch, American Tribune New Colony Survey section 152, Archer County, Texas, UTM 14SNN32951370, Archer City West 7.5′ quadrangle
Stratigraphische Position: below ss8, Archer City Formation, Bowie Group, Wolfcampian Series, Cisuralian
Probenahme: ohne eigene Conchostrakenfunde = USNM-528718 bis 528723
Gestein: überwiegend ockerfarbener Schluffstein
Conchostraken: kleine Formen, deutlich körperliche Erhaltung der larvalen Schale: *Lioestheria monticula* Martens, 1983
Begleitfauna und -flora: siehe HOOK (1989)
Sammlung: Chaney and DiMichele, USNM field 1992-26

Lokalität A2: Little Bitter Creek or Swink´s, T.E. & L. Co. Survey section 85, approximately 7 miles southeast of Megargel, Young County, Padgett 7,5′, UTM 14SNM09969000
Stratigraphische Position: middle-upper Archer City Formation, below ss 8 (Moran after Romer 1974) Bowie Group, Wolfcampian Series, Cisuralian
Probenahme:Th. Martens, Probe Nr. 15 am 24. April 1992 = USNM-528820 bis 528823

Gestein: grünlichgrauer, teilweise hellgrauer Schluffstein mit violettgrauen bis rotbraunen Schlieren

Conchostraken: Wenige Conchostraken: relativ kleine Form mit Skulptur in grünlich-hellgrauen Schluffsteinen mit violettgrauen Zonen, Conchostraken zeigen eine rotbraune Verwitterungsfarbe: *Lioestheria* sp. A

Begleitfauna und -flora: 1. Muscheln: Eine relativ kleine Art in Schalenerhaltung, 2. Ostrakoden: Eine Art in Schalenerhaltung, 3. ? Brachiopoden: cf. *Lingula* sp., 4. Fischreste: Lungenfischzähne

Sammlung: USNM 1992

Nocona Formation (Lower Wichita Group, Wolfcampian Series, Cisuralien)

Lokalität N1: South of Black Flat, Parkey Ranch, east-facing gray exposure approximately 4,2 km south of Black Flat, Archer County, Lake Kickapoo 7.5', 14SNN14442465

Stratigraphische Position: uppermost Nocona Formation (= old Admiral-Formation of Romer 1974), Wichita Group, Wolfcampian Series, Cisuralian

Probenahme: 1. Mamay 1991-33, 2. Th. Martens am 13. April 1992, Proben-Nr. 1 = USNM 528824 bis 528833

Gestein: grau angewitterte Ton- und Schluffsteine mit blauen Mineraleinschlüssen

Conchostraken: In dunkelgrauen Tonsteinen Probe Mamay: Form A: L= 4 mm, wenige Einzelformen, Form B: L= 2 bis 2,5 mm sehr zahlreich, relativ kleine Form auf einer Schichtfläche = *Lioestheria* cf. *carinacurvata* Martens & Lucas, 2005

Begleitfauna und -flora: 1. Ostrakoden: In einzelnen Lagen massenhaft, 2. *Spirorbis* vereinzelt zusammen mit Ostrakoden, 3. Fische, 4. Tetrapoden: (Amphibien)

Lokalität N2: Rattlesnake Canyon South, O' Donahue property, approximately 4,5 km southeast of Black Flat along FM 368, 0,2 km south of gate, Archer County, Lake Kickapoo 7.5', 14SNN17302558, stop 4b of HOOK (1989)

Stratigraphische Position: Middle – upper Nocona Formation (Admiral of ROMER 1974), Wichita Group, Wolfcampian Series, Cisuralian

Probenahme: Th. Martens, Probe 13 am 23. April 1992 = USNM 528788 bis 528794

Gestein: graue Silt- und Tonsteine

Conchostraken: Sehr gut erhalten, LS mit deutlicher Skulptur: *Pseudestheria noconaensis, Pseudestheria brevis* Raymond,1946

Begleitfauna und -flora: Ostrakoden (massenhaft in Schalenerhaltung überliefert), Spirorbis (massenhaft in Schalenerhaltung überliefert), Fischreste (disartikulierte Reste)

Sammlung: USNM 1992

Petrolia Formation (Middle Wichita Group, Leonardian Series, Cisuralian)

Lokalität P1: Boone Ranch, approximately 2,5 km north of FM 422 and 3 km east of Archer-Baylor County line, Archer County, Texas, 14SNN169079, Dundee Southwest 7,5´quadrangle

Stratigraphische Position: lowermost Petrolia Formation, Wichita Group, Leonardian Series, Cisuralian

Probenahme: Th. Martens am 25. April 1992, ohne eigene Funde, USNM 528732 bis 528733
Gestein: graue Tonsteine
Conchostraken: Wenige Exemplare zu *Pseudestheria brevis* Raymond, 1946 gehörend
Begleitfauna und –flora: *Orthacanthus*, *Dimetrodon* und *Eryops*
Sammlung: Hook, Chaney und Labandiera, USNM field 1992-26

Lokalität P2: Red Hollow, Cowan Ranch, on Red Hollow (stream) at pipeline mile marker 98, Baylor County, Texas, Dundee 7.5', 14SNN01951084
Stratigraphische Position: lower-middle Petrolia Formation (Belle Plains of Romer 1974), Wichita Group, Leonardian Series, Cisuralian
Probenahme: wenige Belegstücke = USNM 528808 bis 528812
Gestein: hellgraue Ton- und Siltsteine
Conchostraken: *Pseudestheria brevis* Raymond, 1946, relativ großwüchsig
Begleitfauna und –flora: Tetrapodenfärten, *Pecopteris*, Fischreste
Sammlung: Hook, Chaney und Labandiera, USNM field 1992-24

Lokalität P3: Haycamp North, Cowan Ranch, Baylor County, Texas, Dundee 7.5', 14SNN21150013
Stratigraphische Position: Upper Petrolia Formation, Wichita Group, Leonardian Series, Cisuralian
Probenahme: wenig Probenmaterial = USNM 528729 bis 528731
Gestein: grauer Tonstein
Conchostraken: *Pseudestheria brevis* Raymond, 1946, mittelgroß, nur wenige gut erhaltene Exemplare
Begleitfauna und –flora: Crustaceen, Koniferen
Sammlung: USNM Herbst 1992

Lokalität P4: Waggoner-Harmel Fenceline, Waggoner Ranch, prominent northeast-facing gray exposure adjacent to fenceline, approximately 4.5 km west-southwest of Dundee, Archer County, Dundee 7.5' UTM 14SNN3189504570 (L. 236)
Stratigraphische Position: Uppermost Petrolia Formation, Teil der Lueders Formation (Belle Plains of Romer 1974), Wichita Group, Leonardian Series, Cisuralian
Gestein: hellgraue Tonsteine
Probenahme: USNM Herbst 1991 = USNM 528795 bis 528800
Conchostraken: in Proben am Smithsonian Institution Washington D.C.
Bemerkungen: L bis 3,5mm, wenig schlecht erhaltene Exemplare, *Pseudestheria* sp. L1, *Pseudestheria brevis* Raymond, 1946
Sammlung: USNM Fall 1991

Lokalität P5: Fulda Brushy Creek, Waggoner Ranch, small but prominent gray mudstone exposure facing due east, approximately 5,2 km west-southwest of Dundee, Baylor County, Dundee 7.5', 14SNN3163503835
Stratigraphische Position: Uppermost Petrolia Formation (Belle Plains of Romer 1974), Wichita Group, Leonardian Series, Cisuralian
Probenahme: USNM 528767
Gestein: graue Tonsteine
Conchostraken: kein Nachweis
Begleitfauna und –flora: Koniferen
Sammlung: USNM Herbst 1991

Lokalität P6: Meteor Tank, David Williams Ranch, west side of Slippery Creek, approximately 0,8 km west of road near top of breaks, 250' west of small circular tank, Archer County, Dundee 7.5', 14SNN2603008545
Stratigraphische Position: Middle Petrolia Formation (Belle Plains of ROMER 1974), Wichita Group, Leonardian Series, Cisuralian
Probenahme: Th. Martens, Proben Nr. 12 am 22. April 1992 = USNM 528768 bis 528787 und 12a = USNM 528758 bis 528766
Probepunkt 12: Rinnenfüllsedimente, dunkelgraue Ton/Siltsteine, Basis: Konglomerat
Probepunkt 12a: ca. 30 m nördlich von 12 aus einem kleinen Schurf entnommen: Es handelt sich um eine Silt-Ton-Feinsandstein-Wechsellagerung:
Conchostraken: *Pseudestheria brevis* Raymond,1946, *Lioestheria* sp.P1, nur vereinzelt nachgewiesen, Schalenstruktur teilweise erhalten
Begleitfauna und -flora: 1. *Spirorbis*: nur wenige Reste, 2. Muscheln: *Dunbarella* sp., auf bestimmte Lagen beschränkt, 3. Ostrakoden: massenhaft auf Lagen beschränkt, vermutlich 2 Arten in Schalenerhaltung und körperlicher Überlieferung, 4. Crustaceen: nicht bestimmbarer Rest

Lokalität P7: Cassil Hollow, Cowan Ranch, prominent east-facing cutbank exposure on unnamed tributary to the North Fork of the Little Wichita River, approximately 1,75 km south-southwest of river crossing on the eastern north-south ranch road from Fulda, Baylor County, Fulda 7.5', UTM 14SMN97442315
Stratigraphische Position: Uppermost Petrolia Formation (Belle Plains of ROMER 1974) Wichita Group, Leonardian Series, Cisuralian
 Probenahme: Th. Martens, Probe-Nr. 2 am 14. April 1992 = USNM 528741 bis 528757
Gestein: hellgraue Ton- und Siltsteine mit ockerfarbenen Lagen
Conchostraken: 1. kleine Form ähnlich *Lioestheria* sp. P1, mittelgroße Form mit deutlich über den DR hinausragendem Wirbel: *Pseudestheria brevis* Raymond, 1946, 3. große Form mit breiten AST: *Pseudestheria megaangulata* sp. nov.
Sammlung: Martens April 1992

Waggoner Ranch Formation (Upper Wichita Group, Leonardian Series, Cisuralian)

Lokalität W1: Mitchell Creek Flats, Waggoner Ranch, flats south of minor northward-flowing tributary to Mitchell Creek and southwest of hill "1261" as shown on topographic map, Fulda 7.5', 14SMN88613018 (This is not part of the Mitchell Creek exposures described by READ (1934) or part of those worked previously by USNM parties)
Stratigraphische Position: Upper Waggoner Ranch Formation, Wichita Group, Leonardian Series, Cisuralian
Probenahme: wenige Proben = USNM 528816 bis 528818
Gestein: rotbraune und graue Tonsteine
Conchostraken: Schalen nesterweise, AST bis zum Wirbel: *Pseudestheria brevis* Raymond, 1946
Begleitfauna und –flora:
Sammlung: D. Chaney, Herbst 1992 und 1993

Lokalität W2: "Concho cutbank", Waggoner Ranch, low cutbank southeast of minor northward-flowing tributary to Mitchell Creek and south-southeast of hill "1261" as shown on topographic map, Baylor County, Texas, Fulda 7,5´ 14SMN88763028

Stratigraphische Position: Upper Waggoner Ranch Formation, Wichita Group, Leonardian Series, Cisuralian
Probenahme: R. Hook 1993 = USNM 528804 bis 528807
Gestein: graue Ton- und Siltsteine
Conchostraken: *Pseudestheria megaangulata* sp. nov.
Begleitfauna und –flora: Ostrakoden, Muscheln, Spirorbis, Pflanzenreste
Sammlung: R. Hook, USNM field 1993-17

Lokalität W3: Mitchell Creek, Waggoner Ranch, northwest-facing cutbank on east side of Mitchell Creek, approximately 2,5 km southeast of Lake Kemp Dam, Baylor County, Fulda 7.5´, 14SMN88503265
Stratigraphische Position: Upper Waggoner Ranch-Formation, Wichita Group, Leonardian Series, Cisuralian
Probenahme: Th. Martens am 19. April 1992 nördlich der Pflanzenfundstelle = USNM 528813 bis 528815
Gestein: hellgrauer Tonstein
Conchostraken: einzelne Conchostraken in grauem Tonstein, ca. 1,5 m im Hangenden dünne graue Lage mit gut erhaltenen Conchostraken: *Pseudestheria magaangulata* sp. nov.
Begleitfauna und –flora: zahlreiche Fischreste in 8 cm mächtigem Tonsteinen, Top: schwarz, kohlig, Liegendes: Bonebed mit Fischresten
Sammlung: Martens 4/1992

Lokalität W4: Lake Kemp Dam, northwest-facing exposure approximately 65 m southwest of southeast end of Lake Kemp Dam, Baylor County; Northeast Lake Kamp 7.5`, 14SMN86553464, stop 3 of HOOK (1989)
Stratigraphische Position: uppermost Waggoner Ranch Formation, Wichita Group, Leonardian Series, Cisuralian
Probenahme: Th. Martens, Proben-Nr. 7 am 17. April 1992 = USNM 528852 bis 528858
Profil: Uferböschung, ca. 11–12 m hoch, Top: Sandsteinbank mit Tetrapodenfährten an der Schichtunterseite, im Liegenden mehrere graue Kalkbänke mit marinen Fossilien (z. B. Ammoniten) und mehreren dunkelgrauen Schluff/Tonstein-Zwischenlagen:
Feinprofil: unterste Kalksteinbank = ca. 1 m mächtig, 10 Sandsteinbänke mit Lebensspuren an der Schichtunterseite, Vertebratenreste und Pflanzenreste = ca. 1,5 m mächtig, blaugrauer Schluff/Tonstein, wenig geschichtet mit Pflanzen (*Walchia*) und wenigen Conchostraken = ca. 30 cm mächtig, graue Feinsandsteine mit Fischschuppen, Pflanzenresten = 25–30 cm mächtig, 2–3 cm Siltstein/Tonstein mit einzelnen Conchostraken und Muscheln, im Liegenden folgen insgesamt 8 cm mit Fischschuppen, darunter mit Muscheln und abermals eine Lage mit Fischschuppen und Muscheln, Feinsandstein, grau
Conchostraken: z. T. zahlreich, relativ kleine Form: *Pseudestheria* sp. WR 1

Arroyo Formation (Clear Fork Group, Leonardian Series, Cisuralian)

Lokalität Ar1: Brushy Creek, Waggoner Ranch, approximately 1,6 km north of Texas FM 1919, 2,7 km west of Texas FM 2582 east side of Brushy Creek, Baylor County, southwest Lake Kamp 7.5´, UTM 14SMN73562618

Stratigraphische Position: Middle Arroyo Formation, Clear Fork Group, Leonardian Series, Cisuralian
Probename: Th. Martens am 16. April 1992 = USNM 528834 bis 528851
Gestein: ca. 4–5 m mächtige, rotbraune Ton- und Siltsteine mit dünnen graugrünen bis graublauen Lagen, hellgrauen kleinen Punkte, wenig grüne Flecke.
Conchostraken: *Lioestheria arroyoensis* sp. nov.
Bgleitfauna und –flora: *Diplocaulus* sp., Pflanzenreste
Sammlung: USNM 1989, 1992, Dan Chaney

Lokalität Ar2: Hog Creek, south of Lake Kemp, above Brushy Creek locality, Baylor County,
Stratigraphische Position: Lower Arroyo Formation, Clear Fork Group, Leonardian Series, Cisuralian
Probenahme: Th. Martens, Probe 9 am 20. April 1992 = USNM 528734 bis 528740
Gestein: rotbraune, teilweise deutlich laminierte Silt- und Tonsteine, Laminen aus gelbbraunen, rotbraunen und blaugrauen Lagen
Conchostraken: mit relativ großen, halbkugelförmig gewölbten LS-Breich, LS mit deutlicher Skulptur, Mamay 1991-29, L= 3–4 mm *Lioestheria arroyoensis* sp. nov.
Flora: gut erhaltene Pflanzen in blaugrauen Schluff/Tonsteinen, Erhaltung dort gelbbraun

Lokalität Ar3: Pony Creek of Dan Chaney, SW-corner of Waggoner property, 5 km S of mouth of Pony Creek, Baylor Co. Southeast Lake Kemp 7,5, UTM 14 SMN 7876 2467
Stratigraphische Position: lowermost 4 m of Arroyo Formation estimated 3,5 m above top of Lake Kemp "Limestone", basal Clear Fork Group, Leonardian Series, Cisuralian
Probenahme: Th.Martens, 15. April 1992
Conchostraken: keine Conchostraken nachgewiesen

Vale Formation (Clear Fork-Group, Leonardian Series, Cisuralian)

Lokalität V1: Sid McAdams, Patterson Ranch southwest of Lawn, Taylor County, exact location not determined (see Mamay 1976: 5, for directions). USGS locality 10057. TMM locality 30966,
Stratigraphische Position: approximately 7 m above the Standpipe Limestone (top bed of Arroyo Fm), lowermost Vale Formation, Clear Fork Group, Leonardian Series, Cisuralian
Probenahme: 2 Belegstücke von R. Hook erhalten = USNM 528724 bis 528725
Gestein: hellgrauer Tonstein
Conchostraken: *Pseudestheria* sp. V1
Begleitfauna und –flora: Pflanzenreste
Collection: R. Hook

5 Taxonomie der Conchostraken von Nord-Zentral Texas, USA

Abkürzungen der genannten Institutionen und Sammlungen:

USNM = United State National Museum, Smithsonian Institution, Washington, D.C., USA

NMMNH = New Mexico Museum of Natural History, Albuquerque, New Mexico, USA

MNG = Museum der Natur, Stiftung Schloss Friedenstein, Gotha, Deutschland

Taxonomie

Klasse Branchiopoda Latreille, 1817

Unterklasse Phyllopoda Preuss, 1951

(Ordnung Diplostraca Gerstaecker, 1866)

Ordnung Conchostraca Sars, 1867

Familie Limnadiidae Burmeister, 1843 (part.), Sars 1896 (part.)

Typusgattung *Limnadia* Brongniart, 1820

Gattung *Limnolimnadia* Martens, 1983b

Typusart *Limnolimnadia ilfeldensis* Martens, 1983b

Limnolimnadia ilfeldensis Martens, 1983b
Taf. 2, Abb. 5, 8; Abb. 47

Derivatio nominis:
Name nach dem Ort Ilfeld in der Nähe des Fundortes des Holotyps
Holotyp:
MNG-3545-76-1 in MARTENS (1983b): Taf. 89, Fig. 2, 4, MARTENS 1983b, Taf. XLIV, Fig. 2 und 4
Typuslokalität und Stratigraphie des Holotyps:
Ehemalige Bergbau-Halde südlich Netzkater nördlich Ilfeld, Südharz, Deutschland, Ilfeld-Formation, Unteres Rotliegend
Paratypen:
In MARTENS (1983b) MNG-3545- (13-4, 30-2, 36-1, 36-3, 37-1, 40-1, 41-1, 44-1, 61-1, 77-1, 81-1, 82-1, 82-2, 96-1, 105-1, 123-1, 130-1, 131-1, 152-1, 160-1, 165-1, 168-1)
Untersuchte Exemplare aus Texas:
USNM-528711: rechte Schale mit gleichmäßig gekrümmten Dorsalrand (DM) und breit entwickelte Anwachsstreifen (AST), USNM-528710: larvale Schale
Nachweis in Nord-Zentral Texas, USA und Stratigraphie:
U.S. 281 roadcut, Markley Formation, Pennsylvanian

Diagnose und Beschreibung:
Der Carapax-Umriss ist oval bis Ei-förmig, nur schwach konvex. Es besteht ein Vergleich mit einer Diskusscheibe (Abb. 47). Die larvale Schale (LS) ist relativ klein und ohne erkennbare Skulptur. Der Dorsalrand (DR) ist relativ lang und deutlich bogenförmig. Im Gegensatz zu den Gattungen *Pseudestheria* und *Lioestheria* fehlt im DR-Bereich eine dachrinnenartige Einkerbung. Der DR bildet einen gebogenen scharfen Kiel. Die Anwachsstreifen (AST) sind bis ins adulte Stadium relativ breit, ihre Anzahl ist relativ gering.

Maße:
L= 1,5–3,5 mm, H=1,5–2,8 mm

Bemerkungen:
Die Gattung *Limnolimnadia* wurde zuerst von MARTENS (1983b) aufgestellt, um die kleinen bis mittelgroßen, gut erhaltenen Conchostraken mit sehr flachem Carapax und kleiner larvaler Schale aus der Ilfeld-Formation (Südharz, Deutschland) zu beschreiben. Die charakteristischen Merkmale der Art *Limnolimnadia ilfeldensis* sind eine diskusscheibenförmige Carapax und die relativ breiten AST. Die Art ist daher der rezenten Art *Limnadia leniticularis* recht ähnlich, sieht man von der Größe des Carapax (L= bis 17 mm) ab.

Biostratigraphische Bedeutung:
Inzwischen ist bekannt, dass sich Vertreter der Gattung *Limnestheria* vor allem auf den Zeitraum oberstes Karbon bis unterstes Perm weltweit beschränken. Der Nachweis gelang in Netzkater (Ilfeld-Formation, Unteres Perm, Deutschland), am Lochbrunnen bei Oberhof (Untere Oberhof-Formation, unterstes Unterperm, Deutschland) und nun auch in Nord-Zentral Texas, U.S. 281 roadcut (Markley-Formation, höchstes Oberkarbon, USA).
Die extrem großen Conchostraken der Gattung *Palaeolimnadiopsis* haben auf den ersten Blick Ähnlichkeit mit der Gattung *Limnolimnadia*. Allerdings ist der DR gerade oder nur leicht gekrümmt, der Carapax stärker gewölbt. Das Vorkommen der Gattung beschränkt sich auf das Saar-Nahe-Gebiet: Grügelborn E3, Rümmelbach, Lebach (*P. obenaueri* (GUTHÖRL, 1831), Lauterecken/Odernheim-Formation, Unteres Perm) und auf Noble County in Oklahoma (*P. carpenteri* Raymond, 1946, Wellington-Formation, Cisuralian), MARTENS (1986b).

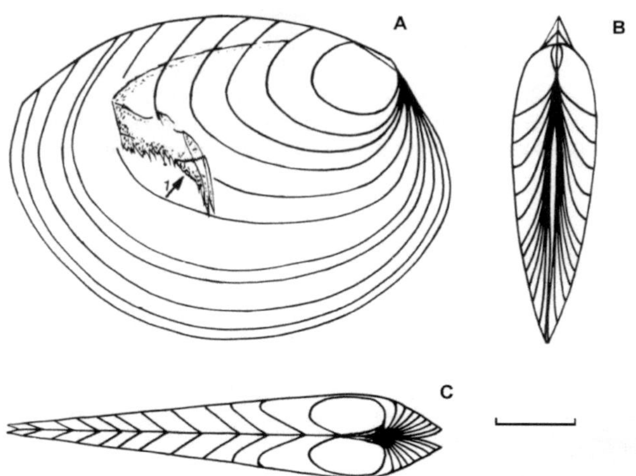

Abb.47. *Limnolimnadia ilfeldensis* – in 3 Ansichten (A, B, C), 1 = Weichkörperreste, Furka, Maßstab = 1 mm
Fig. 47. *Limnolimnadia ilfeldensis* in 3 views (A, B, C), 1 = body softpart, furca, scale = 1 mm

Familie Lioestheriidae Raymond, 1946

Typusgattung: *Lioestheria* Depéret & Mazeran, 1912 (emend. Kozur, Martens, Pacaud 1981)

Gattung: *Lioestheria* Depéret & Mazeran, 1912 (emend. Kozur, Martens, Pacaud 1981)
Typusart: *Estheria (Lioestheria) lallyensis* Depéret & Mazeran, 1912

Lioestheria pseudotenella Martens, 1983b
Tafel 1, Abb. 1–4, 6, 7; Abb. 48

Derivatio nominis:
siehe MARTENS 1983b
Holotyp:
MNG-3546-2-1 und MNG- 3546-349-1 (Gegendruck): MARTENS 1983b, Tafel 29, Fig. 3–5
Typuslokalität und Stratigraphie des Holotyp:
Lochbrunnen nahe Oberhof, Thüringer Wald, Deutschland, laminierter, grauer Schluffstein, Unterer Protriton Horizont, Untere Oberhof-Formation, Unterperm
Paratypen:
MNG- 3546- (1-1, 6-1, 40-1, 43-1, 77-1, 79-1, 90-1, 112-1, 122-1, 142-1, 151-1, 179-1, 218-1, 257-1,259-1, 259-3, 290-2, 305-1, 306-2, 328-1, 379-1, 384-1, 403-1, 434-1, 4461-1, 467-2, 468-1), MNG-3620-40-3
Untersuchte Exemplare aus Texas:

USNM-528703: linke Schale, seitliche Ansicht, USNM-528705: linke und rechte Schalen, teilweise überlappt, USNM-528708: linke Schale mit typischer Skulptur der LS, USNM-528709: Teil der rechten Schale mit Anwachsstreifen, USNM-528712: linke und rechte Schale deutlich überlappend, USNM-528714: Teil der Skulprur der LS.

Nachweis in Nord-Zentral Texas, USA und Stratigraphie:
U.S. 281 roadcut, Markley Formation, Pennsylvanian

Diagnose und Beschreibung:
Eine *Lioestheria* mit einer im Verhältnis zur adulten Carapax großen larvalen Schale. Diese enthält eine kräftige Skulptur des Schalenschließmuskels bzw. der Schalendrüse, bestehend aus einer konvexen, rinnenartigen, länglichen Skulptur. Der Dorsalrand ist gerade oder schwach gebogen. Die Anwachsstreifen sind deutlich skulpturiert, so dass der Carapax regelmäßige konzentrische Wülste aufweist. Die Ausbildung der Skulptur der LS schwankt von Exemplar zu Exemplar durch den Einfluss der diagenetisch bedingten Deformation. Zur Bestimmung der Art benötigt man Exemplare mit deutlich überlieferter LS (Abb. 48). Am Typusmaterial konnten Eier und damit weibliche Exemplare nachgewiesen werden. Dies gelang bei den Formen von Texas noch nicht. Überreste des Weichkörpers fehlen ebenfalls bisher. Die unterschiedliche Zahl der Anwachsstreifen pro Exemplar zeigt zwar eine Schwankung im Alter der einzelnen Exemplare. Es handelt sich aber überwiegend um Reste von Populationen mit adulten Exemplaren.

Maße:

	L min (mm)	L max (mm)
Lioestheria pseudotenella von Texas	1,50	3,20
Lioestheria pseudotenella vom Lochbrunnen (D)	1,40	3,35
Lioestheria monticula vom Bromacker (D)	1,86	4,08
Lioestheria lallyensis von Autun in Frankreich	1,90	2,80

Bemerkungen:
Die Gattung *Lioestheria*, von DEPÉRET & MAZERAN (1912) begründet, besteht aus kleinen, deutlich skulpturierten Conchostraken-Arten mit einer unterschiedlich großen LS, die ihrerseits unterschiedliche Skulpturmerkmale zeigt. Die Typusart stammt aus dem Becken von Autun (Grès de Lally, Autunian) in Frankreich (*Lioestheria lallyensis*. Wir wissen heute, dass verschiedene Arten dieser Gattung sehr weit verbreitet waren vom höchsten Oberkarbon bis in das Untere Perm. Die Art L. *pseudotenella* unterscheidet sich im Merkmal der LS deutlich von L. *lallyensis* und L. *monticula*.

Biostratigraphische Bedeutung:
Die Typusart L. *lallyensis* ist charakteristisch für das stratigraphische Niveau des obersten Kabon. *Lioestheria pseudotenella* ist möglicherweise eine signifikante Art für den stratigraphischen Bereich der Karbon-Perm-Grenze in Nordamerika und Euopa (Beginn des Unterperm mit der Lioestheria *pseudotenella*-Zone). Der Art kann damit eine höher biostratigraphische Bedeutung zugeordnet werden als andere *Lioestheria*-Arten. Interessant ist auch das gemeinsame Vorkommen mit der Art *Limnolimnadia ilfeldensis*, die auch am Locus typicus von L. *pseudotenella* am Lochbrunnen bei Oberhof nachgewiesen wurde (MARTENS 1983b, Taf. 16, Fig. 1 und 2).

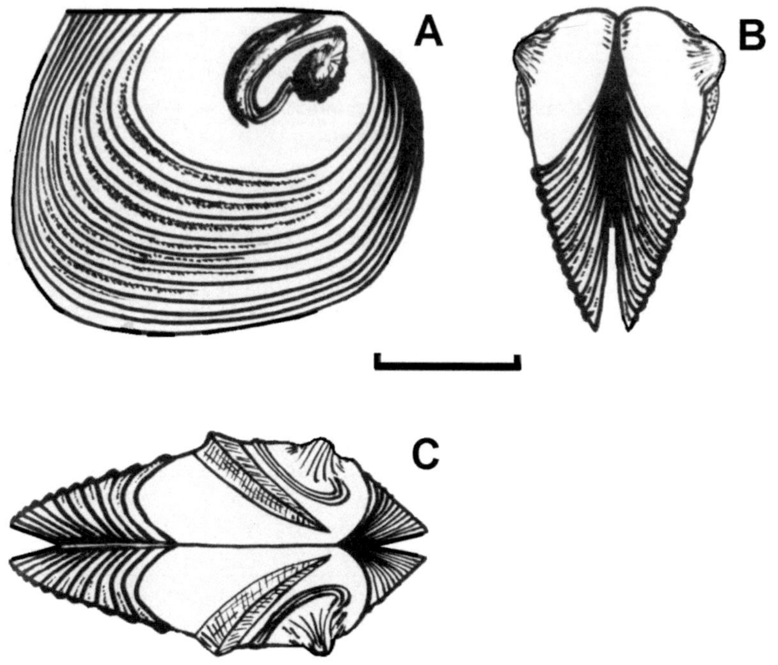

Abb. 48. *Lioestheria pseudotenella* Martens, 1983 in 3 Ansichten (A, B, C), Maßstab = 1 mm
Fig. 48. *Lioestheria pseudotenella* Martens, 1983 in 3 views (A, B, C), scale = 1 mm

Tafel 2

Abb. 1–8. Lokalität: U.S. 281 roadcut, Nord-Zentral Texas, USA; Markley Formation, oberstes Karbon; Abb. 9–11. Lokalität: Little Bitter Creek or Swink´s, Nord-Zentral Texas, USA, Archer City Formation, Cisuralian, Maßstab = 1 mm.

Abb. 1. *Lioestheria pseudotenella* Martens, 1983 (USNM-528703) linke Schale, laterale Ansicht
Abb. 2. *Lioestheria pseudotenella* Martens, 1983 (USNM-528705) linke und rechte Schale, teilweise übrlappend
Abb. 3. *Lioestheria pseudotenella* Martens, 1983 (USNM-528712) linke und rechte Schale, seitlich verschoben und überlappend
Abb. 4. *Lioestheria pseudotenella* Martens, 1983 (USNM-528708) linke Schale mit typischer Skulptur der larvalen Schale (LS)
Abb. 5. *Limnolimnadia ilfeldensis* Martens, 1983 (USNM-528711) rechte Schale mit typisch gebogenem Dorsalrand (DM) und breit entwickelte Anwachsstreifen (GB)
Abb. 6. *Lioestheria pseudotenella* Martens,1983 (USNM-528714) Teil der larvalen Schale mit Skulpturelement

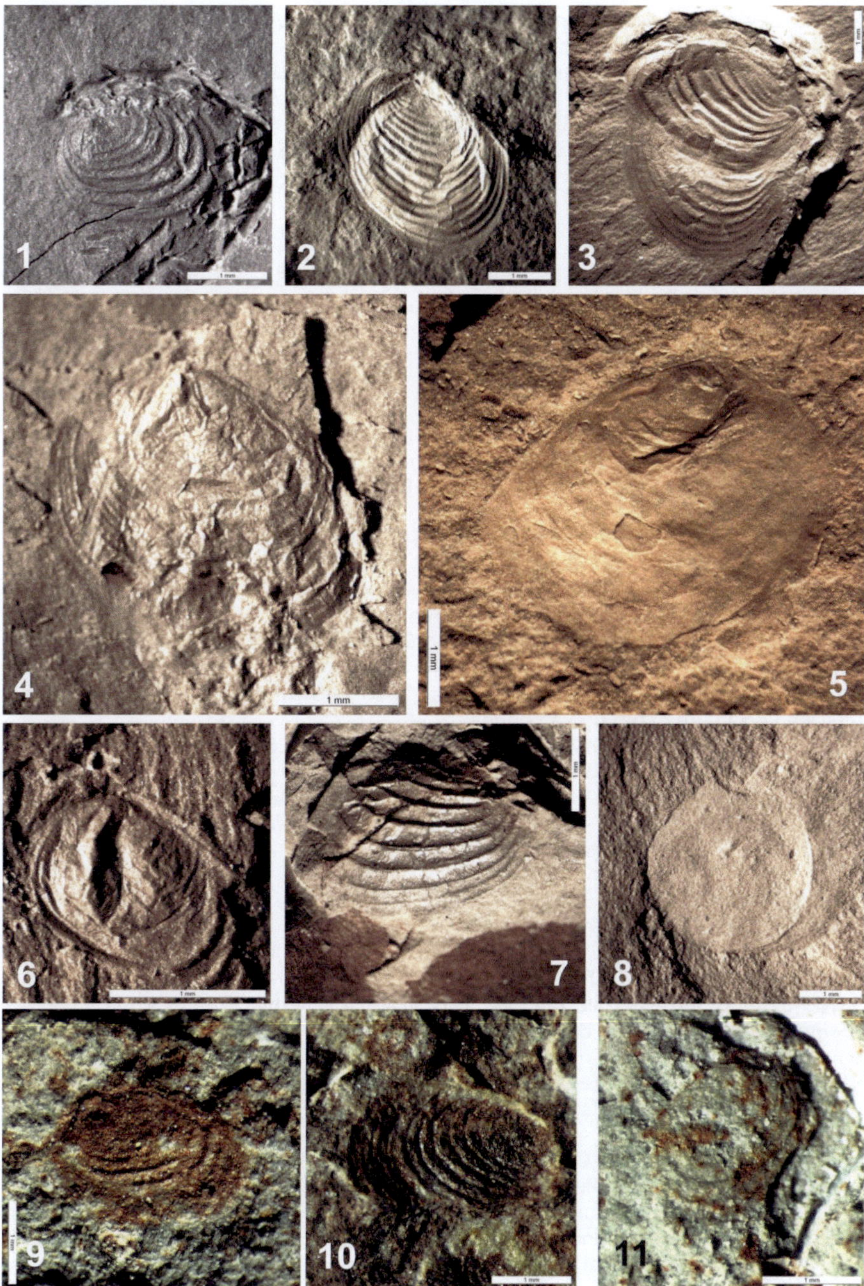

Tafel 2

Abb. 7. *Lioestheria pseudotenella* Martens, 1983 (USNM-528709) Teil der rechten Schale mit der Skulptur der Anwachsstreifen
Abb. 8. *Limnolimnadia ilfeldensis* Martens, 1983 (USNM-528710) larvale Schale
Abb. 9. *Lioestheria* sp. A (USNM-528820) linke juvenile Schale
Abb. 10. *Lioestheria* sp. A (USNM-528821) rechte Schale mit LS
Abb. 11. *Lioestheria* sp. A (USNM-528943) rechte Schale eines juvenilen Exemplars mit kleinen Skulpturelementen auf der LS

Plate 2

Fig. 1–8. loc.: U.S. 281 roadcut, North-Central Texas, USA; Markley Formation, uppermost Carboniferous; Fig. 9–11. loc.: Little Bitter Creek or Swink's, North-Central Texas, USA, Archer City Formation, Cisuralian, scale = 1 mm.

Fig. 1. *Lioestheria pseudotenella* Martens, 1983 (USNM-528703) left shell, lateral view
Fig. 2. *Lioestheria pseudotenella* Martens, 1983 (USNM-528705) left and right shell partly overlaped
Fig. 3. *Lioestheria pseudotenella* Martens, 1983 (USNM-528712) left and right shell clear overlaped
Fig. 4. *Lioestheria pseudotenella* Martens, 1983 (USNM-528708) left shell with typical sculpture of the larvale shell (LS)
Fig. 5. *Limnolimnadia ilfeldensis* Martens, 1983 (USNM-528711) right shell with typical curved dorsal margin (DM) and wide development of the growth bands (GB)
Fig. 6. *Lioestheria pseudotenella* Martens, 1983 (USNM-528714) part of the LS with sculpture element
Fig. 7. *Lioestheria pseudotenella* Martens, 1983 (USNM-528709) part of the right shell with sculpture of the growth bands
Fig. 8. *Limnolimnadia ilfeldensis* Martens, 1983 (USNM-528710) larval shell
Fig. 9. *Lioestheria* sp. A (USNM-528820) left juvenile shell
Fig. 10. *Lioestheria* sp. A (USNM-528821) right shell with LS
Fig. 11. *Lioestheria* sp. A (USNM-528943) right shell of a juvenile specimen with small sculpture element of the LS

Lioestheria sp. A
Tafel 1, Abb. 9–11

Untersuchte Exemplare in Texas, USA:
USNM-528820: linke Schale mit LS, USNM-528943: rechte Schale eines juvenilen Exemplares mit schmalem Skulpturelement auf der LS, USNM-528821: rechte Schale mit LS
Nachweis in Nord-Zentral Texas, USA und Stratigraphie:
Little Bitter Creek or Swink's, Upper Archer City Formation, Cisuralian
Beschreibung:
Bisher wurden nur wenige Conchostraken nachgewiesen. Es handelt sich um relativ kleine Exemplare. Die Erhaltung ist für eine Artbestimmung nicht ausreichend. Sicher ist die Zuordnung zur Gattung *Lioestheria*. Es besteht Ähnlichkeiten zu *Lioestheria pseudotenella* und *Lioestheria monticula*. Eine genaue Artbestimmung ist erst möglich, wenn weiteres Fossilmaterial untersucht wird.

Maße:

Carapax-Länge (L)	L min	L max (mm)
Lioestheria sp. A von Texas	1,50	2,50
Lioestheria monticule Martens, 1983a	1,86	4,08
Lioestheria pseudotenella Martens, 1983a loc. L	1,40	3,35

Tafel 3

Abb.1, 2. Saar-Nahe-Becken, Deutschland, N8, Standenbühl-Formation, höheres Unterperm; Abb. 3. Lokalität 3922. Neu Mexiko, USA, Obere Abo Formation, Cisuralian; Abb. 4. Brushy Creek, Nord-Zentral Texas, USA, Mittlere Arroyo Formation, Cisuralian; Abb. 5. Bromacker, Deutschland, Tambach-Formation, Unterperm; Abb. 6. Lokalität: Archer City Bone Bed bed 3, Nord-Zentral Texas, USA, Archer City Formation, Cisuralian

Abb. 1. *Lioestheria arroyoensis* sp. nov. (MNG-15053), wegen der diagenetisch bedingten Deformation ist die Struktur der großenLS nicht gut erhalten
Abb. 2. *Lioestheria arroyoensis* sp. nov. (MNG-15054), wegen der diagenetisch bedingten Deformation ist die Struktur der LS nicht gut erhalten
Abb. 3. *Lioestheria monticula* Martens, 1983 (NMMNH P-45736) rechte Schale mit einem Kegel auf der LS (Martens & Lucas 2005, Fig. 8 F)
Abb. 4. *Lioestheria arroyoensis* sp. nov. (USNM-528846) linke Schale mit länglichem Kegel auf der LS
Abb. 5. *Lioestheria monticula* Martens, 1983 (MNG-15055) rechte Schale mit typischem Kegel auf der LS
Abb. 6. *Lioestheria monticula* Martens, 1983 (USNM-528718) linke, juvenile Schale mit typischem Skulturelement auf der großen LS (konvexer Kegel)

Plate 3

Fig. 1, 2. Saar-Nahe Basin, Germany, N8, Lower Permian; Fig. 3. Loc. 3922. New Mexico, Upper Abo Formation, Cisuralian; Fig. 4. Brushy Creek, North-Central Texas, USA, Middle Arroyo Formation, Cisuralian; Fig. 5. Bromacker, Germany, Tambach-Formation, Lower Permian; Fig. 6. Loc. Archer City Bone Bed bed 3, North-Central Texas, USA, Archer City Formation, Cisuralian

Fig. 1. *Lioestheria arroyoensis* sp. nov. (MNG-15053) because of deformation, the sculpture of the LS is not good preserved
Fig. 2. *Lioestheria arroyoensis* sp. nov. (MNG-15054) because of deformation, the sculpture of the LS is not good preserved
Fig. 3. *Lioestheria monticula* Martens, 1983 (NMMNH P-45736) right shell with cone at the LS (MARTENS & LUCAS 2005, Fig. 8 F)
Fig. 4. *Lioestheria arroyoensis* sp. nov. (USNM-528846) left shell with long cone at the LS
Fig. 5. *Lioestheria monticula* Martens, 1983 (MNG-15055) right shell with typical cone at the LS
Fig. 6. *Lioestheria monticula* Martens, 1983 (USNM-528718) left juvenile shell with typical sculpture element of the large LS (convex cone)

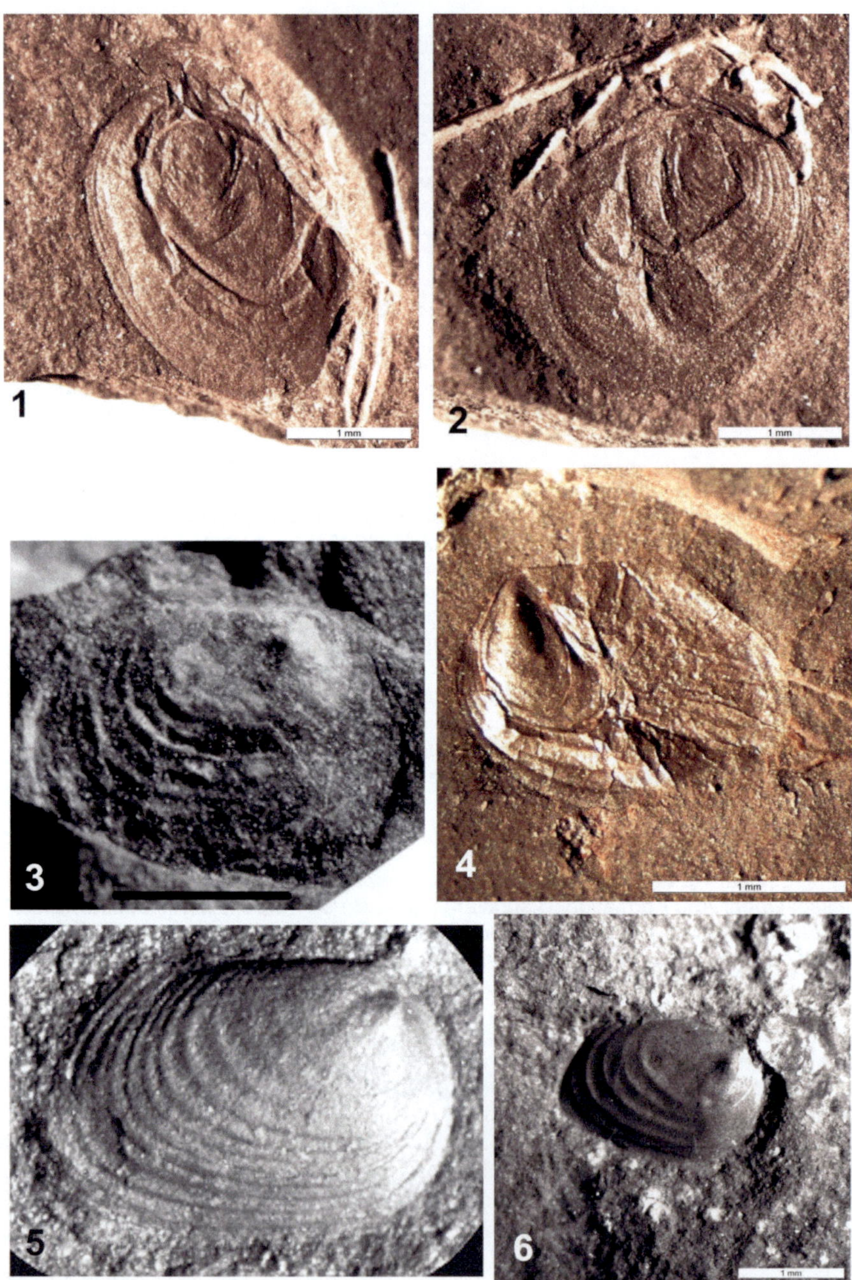

Tafel 3

Lioestheria monticula Martens, 1983b
Tafel 3, Abb. 1–6, rechte Schale mit typischer Skulpturelement auf der großen larvalen Schale (LS); Abb. 49

Derivatio nominis:
siehe MARTENS (1983b)
Holotyp:
MARTENS (1983a): MNG-3613-36-2, Taf. 72, Fig. 1, 2, 4, 6 und MARTENS (1983b), Taf. 35, Fig. 1, 2, 4, 6
Typuslokalität und Stratigraphie des Holotyp:
Bromacker-Steinbruch nahe Tambach-Dietharz, Thüringer Wald, Deutschland, rotbraune Silt- und Tonsteine (Bromacker-Horizont I), Tambach-Formation, Unteres Perm
Paratypen:
MARTENS (1983b): MNG-3607-14-1, MNG-3613- (1-1, 8-2, 10-1, 38-2, 38-4, 38-5, 39-1, 38-6, 44-3, 50-6, 53-1, 58-1), MNG-3614- (2-1, 12-1, 33-1, 44-1, 46-1, 48-2) MNG-3615-15-1
Untersuchte Exemplare in Texas:
USNM-528718: rechte Schale mit typischem Skulpturelement auf der großen larvalen Schale (LS), USNM-528719: rechte Schale mit typischem Skulpturelement auf der großen LS, USNM-528941: linke Schale, USNM-528942: Teil der rechten Schale mit typischem Skulpturelement der großen LS, USNM-528722: linke Schale, USNM-528723: rechte Schale
Nachweis in Nord-Zentral Texas, USA und Stratigraphie:
Archer City Bone Bed 3, Archer City Formation, Cisuralian
Diagnose und Beschreibung:
Die drei-dimensionale Rekonstruktion der doppelklappigen Carapax in Abb. 49 zeigt die typischen Merkmale der Carapax: Die Carapax adulter Formen ist konvex gewölbt mit einer deutlich erkennbaren larvalen Schale mit typischer Skulptur. Der Carapax zeigt eine subquadratische Außenlinie – siehe MARTENS (1983b). Die LS zeigt deutliche Skulptur eines "aufgesetzten" Kegels nahe dem Wirbel. Das kurze, radiale Skulpturelement, beobachtet am Typusmaterial von *L. monticula* am Bromakker im Thüringer Wald ist an den texanischen Formen bisher nicht zu erkennen. Sxualdimorphismus ist unbekannt, ebenso fanden sich bisher keine Überreste von Weichteilen des Körpers oder Eier. Die AST lassen eine deutlich konzentrische Skulptur erkennen

Maße:

Carapax-Länge (L)	L min	L max (mm)
Lioestheria monticula von Texas	1,50	2,50
Lioestheria monticula vom Bromacker (D)	1,86	4,08
Lioestheria pseudotenella vom Lochbrunnen (D)	1,40	3,35
Lioestheria lallyensis von Autun in Frankreich	1,90	2,80

Bemerkungen:
Die Art *Lioestheria monticula* hat ein charakteristisches Merkmal auf der larvalen Schale (LS), bestehend aus einer knopf- bis pyramidenförmigen Erhebung im Bereich des Wirbels. Der Carapax der bisher aus Texas bekannten Formen ist im Mittel

kleiner als von der Typuslokalität Bromacker in Deutschland. Möglicherweise handelt es sich um den Teil einer juvenilen Population.

Biostratigraphische Bedeutung:
Lioestheria monticula ist eine signifikante Art für das untere Unterperm in Nord Amerika und Europa (*Lioestheria monticula* – Zone) siehe bei MARTENS (1983b). Die nach Ansicht des Verfassers zu junge Einstufung der Tambach-Formation ins Mittlere Artinskian (SCHNEIDER et al. 2019) kann nun im Rahmen der Korrelation der Art „monticula" mit der Archer City Formation in Texas korrigiert werden. Die Tambach-Formation und damit auch die wegen ihrer Tetrapodenfunde bedeutende Lokaltität Bromacker kann mit dem Unteren Sakmarian korreliert werden und ist damit ca. 6 bis 10 Millionen Jahre älter als bisher verbreitet angenommen. Dies hat auch Auswirkungen auf die Einstufung der Oberhof- und Goldlauter-Formation des Thüringer Waldes.

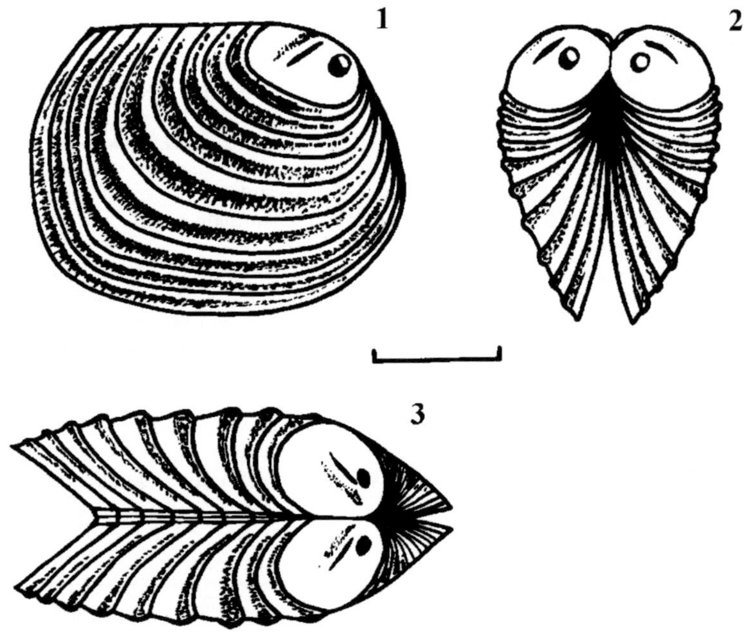

Abb. 49.*Lioestheria monticula* Martens, 1983 in 3 Ansichten (1,2,3); Maßstab = 1 mm
Fig. 49. *Lioestheria monticula* Martens, 1983 in 3 views (A, B, C), scale = 1 mm

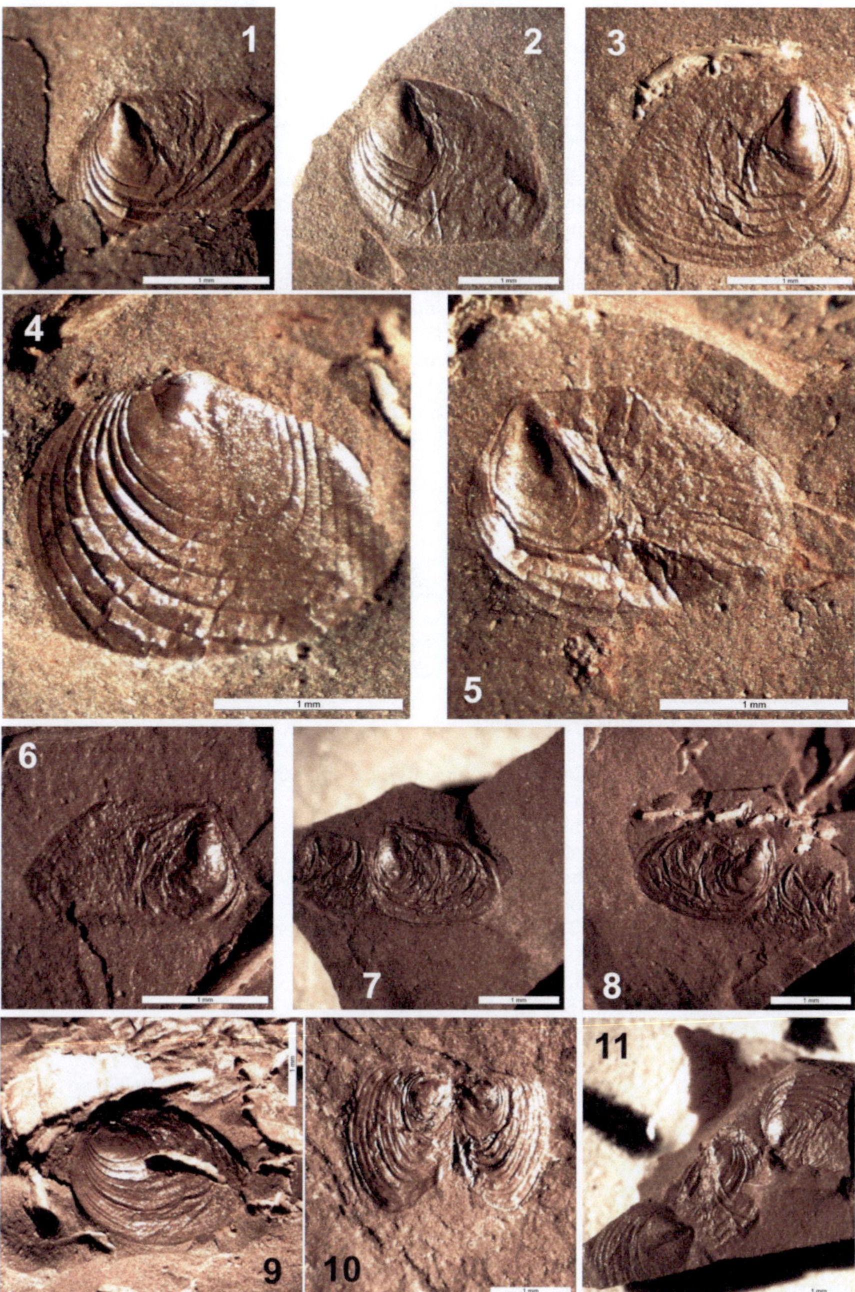

Tafel 4

Tafel 4

Lioestheria arroyoensis sp. nov.
Abb. 1–5. Brushy Creek, Texas, USA, Mittlere Arroyo Formation, Cisuralian; Abb. 6–12. Hog Creek, Nord-Zentral Texas, USA, Untere Arroyo Formation, Cisuralian

Abb. 1. USNM-528839: Paratyp, linke Schale mit länglichem Kegel auf der LS
Abb. 2. USNM-528840: Paratyp, linke Schale mit länglichem Kegel auf der LS
Abb. 3. USNM-528851: Holotyp, rechte Schale mit länglichem Kegel auf der LS
Abb. 4. USNM-528847: linke Shale mit kleinem Kegel auf der LS
Abb. 5. USNM-528846: Paratyp, linke Schale mit länglichem Kegel auf der LS
Abb. 6. USNM-528736: rechte Schale mit länglichem Kegel auf der LS
Abb. 7. USNM-528734: rechte Schale mit länglichem Kegel auf der LS
Abb. 8. USNM-528734: rechte Schale, mit länglichem Kegel auf der LS, Gegendruck
Abb. 9. USNM-528740: linke Schale mit länglichem Kegel auf der LS
Abb. 10. USNM-528738: linke und rechte Schale
Abb. 11. USNM-528737+528737-2+528737-3a: 3 Exemplare

Plate 4

Lioestheria arroyoensis sp. nov.
Fig. 1–5. Brushy Creek, North-Cetral Texas, USA, Middle Arroyo Formation, Cisuralian; Fig. 6–12. Hog Creek, North-Central Texas, USA, Lower Arroyo Formation, Cisuralian

Fig. 1. USNM-528839: paratype, left shell with long cone in the LS
Fig. 2. USNM-528840: paratype, left shell,
Fig. 3. USNM-528851: holotype, right shell,
Fig. 4. USNM-528847: left shell,
Fig. 5. USNM-528846: paratype, left shell with long cone in the LS
Fig. 6. USNM-528736: right shell
Fig. 7. USNM-528734: right shell
Fig. 8. USNM-528734: right shell, counterpart
Fig. 9. USNM-528740: left shell
Fig. 10. USNM-528738: left and right shell
Fig. 11. USNM-528737+528737-2+528737-3a: 3 specimens

Lioestheria arroyoensis sp. nov.
Plate 14, Fig. 1, 2, 4, Plate 15, Figs. 1–11; Abb. 50

Derivatio nominis:
Benannt nach dem Vorkommen des Holotyps in der Arroyo Formation in Texas
Holotyp:
USNM-528851, Taf. 4, Abb. 3
Typuslokalität und Stratigraphie des Holotyps:
Brushy Creek, North-Central Texas, USA, Middle Arroyo Formation, Cisuralian
Paratypen:
USNM-528839, USNM-528840, USNM-528846, Taf. 4, Abb. 1, 2, 5
Untersuchte Exemplare aus Texas:
USNM-528734: linke Schale, USNM-528734: Gegendruck der rechten Schale, USNM-528736: rechte Schale, USNM-528737+528975+528976: 3 unterschiedliche

Exemplare, USNM-528738: linke und rechte Schale vom gleichen Exemplar, USNM-528839: linke Schale mit langer hütchenartiger Skulptur auf larvaler Schale, USNM-528840: linke Schale, USNM-528846: linke Schale, USNM-528847: linke Schale, USNM-528851: rechte Schale

Nachweis in Nord-Zentral Texas und Stratigraphie:
Brushy Creek, Middle Arroyo Formation; Hog Creek, Lower Arroyo Formation, Cisuralian

Diagnose und Beschreibung:
Die 3-dimensionale Rekonstruktion der Carapax in Abb 50 zeigt typische Merkmale: Die Carapax von adulten Exemplaren ist konvex mit einer relativ großen LS. Der Carapax besitzt einen subquadratischen Umriss mit einen relativ kurzen DR. Die reativ große larvale Schale zeigt eine länglich gestreckte hütchenförmige Skulptur über große Teile der LS. Im Gegensatz zu *Lioestheria monticula* lässt sich kein radiales Element auf der LS nachweisen.

Maße:

Carapax-Länge (L)	L (mm)	Ø L	Az
Lioestheria arroyoensis sp. nov. von Texas	1,50 – 2,0		
Lioestheria monticule Martens, 1983a	1,86 – 4,08	2,78	13
Lioestheria carinacurvata Martens & Lucas, 2005	3,0 (Holotyp)	(15 – 22)	
Lioestheria pseudotenella Martens, 1983a loc. L	1,40 – 3,35	2,58	18
Lioestheria parvula Martens, 1983a	1,40 – 2,56	1,77	14
Lioestheria lallyensis Depéret & Mazeran, 1912	1,9 – 2,8		>6
Lioestheria extuberata Jones & Woodward, 1899	3,0		?

Biostratigraphische Bedeutung:
Die Art *Lioestheria arroyoensis* ist charakteristisch für das höhere Cisuralian in Texas und für das höhere Unterperm im Saar-Nahe-Becken in Deutschland, (Standenbühl-Formation, Niveau N8, Bohrung Ramsen). Die markante Art mit den leicht erkennbaren Merkmalen taucht in der höheren Waggoner Ranch Formation erstmals auf und dominiert in der Arroyo Formation. Die Art ist charakteristisch für den Grenzbereich Artinskian/Kungurian. Die Art hat daher große Bedeutung für die Korrelation von Rotfolgen zwischen den USA und Europa. Im Rotliegend des Thüringer Waldes konnte die Art noch nicht nachgewiesen werden. Die basalen Tonsteine der Eisenach-Formation sind wesentlich jünger als die Standenbühl-Formation.

***Lioestheria* sp. P1**
Taf. 10, Abb. 1–3, Taf.12, Abb. 12

Lokalität und Stratigraphie der Form
Meteor Tank Loc. 12, Middle Petrolia Formation, Cisuralian
Untersuchte Exemplare aus Texas:
USNM-528785: kleine rechte Schale, Gegendruck zu USNM-528747-1, USNM-528778: kleine linke Schale, USNM-528963: kleine linke Schale,
Nachweis in Nord-Zentral Texas und Stratigraphie:
Meteor Tank Loc. 12, Middle Petrolia Formation, Cisuralian
Cassil Hollow, Uppermost Petrolia Formation, Cisuralian

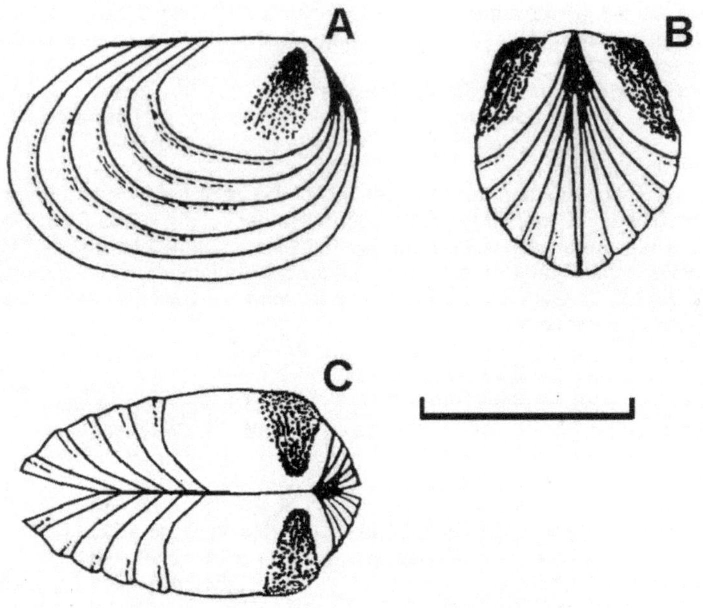

Abb. 50. *Lioestheria arroyoensis* sp. nov. in 3 Ansichten (A, B, C) mit deutlich erhabener Skulptur der LS, Maßstab = 1mm
Fig. 50. Lioestheria arroyoensis sp. Nov. in 3 views (A, B, C) with important sculpture in the LS, scale = 1 mm

Beschreibung:
Auf einzelnen Schichtflächen mit Formen der Gattung *Pseudestheria* treten vereinzelt sehr kleine Carapax-Formen auf, die zur Gattung *Lioestheria* gerechnet werden müssen. Die relativ hohe Zahl der AST und ihre enge Ausbildung sprechen dagegen, dass es sich um juvenile Exemplare handeln könnte. Der Wirbelbereich ist deutlich kegelförmig. Für eine Artbestimmung reichen die wenigen Exemplare nicht aus.

Maße:

Carapax-Läng (L)	L(mm)	Ø L	Az
Lioestheria sp. P1 von Texas	1,30 – 1,60		
Lioestheria monticule Martens, 1983a	1,86 – 4,08	2,78	13
Lioestheria carinacurvata Martens & Lucas, 2005	3,0 (Holotyp)	(15 – 22)	
Lioestheria pseudotenella Martens, 1983a loc. L	1,40 – 3,35	2,58	18
Lioestheria parvula Martens, 1983a	1,40 – 2,56	1,77	14
Lioestheria lallyensis Depéret & Mazeran, 1912	1,9 – 2,8		>6
Lioestheria extuberata Jones & Woodward, 1899	3,0		?

***Lioestheria* sp. P2**
Taf. 9, Abb. 7

Lokalität und Stratigraphie der Form
Meteor Tank Loc. 12, Middle Petrolia Formation, Cisuralian
Untersuchte Exemplare aus Texas:
USNM-528765: Teil einer rechten Schale
Nachweis in Nord-Zentral Texas und Stratigraphie:
Meteor Tank Loc. 12, Middle Petrolia Formation, Cisuralian
Beschreibung:
Auf einzelnen Schichtflächen mit Formen der Gattung *Pseudestheria* treten vereinzelt
Carapax-Formen auf, die zur Gattung *Lioestheria* gerechnet werden können. Bisher
reicht die Zahl der gefundenen Exemplare nicht aus, um genauere taxonomische
Angaben zur machen.

Maße:

Carapax-Läng (L)	L(mm)		
Lioestheria sp. P2 von Texas	1,3	-	2,0

Tafel 5

Abb. 1–6. Lokalität: Archer City Bone Bed bed 3, Nord-Zentral Texas, USA, Archer
City Formation, Cisuralian; Abb. 7–12. Lokalität: South of Black Flat, Nord-Zentral
Texas, USA, Nocona Formation, Cisuralian

Abb. 1. *Lioestheria monticula* Martens, 1983 (USNM-528718) linke Schale mit typi-
schem Skulpturelement (Kegel) auf der großen LS, konkav
Abb. 2. *Lioestheria monticula* Martens, 1983 (USNM-528719) Teil der rechten larva-
len Schale mit typischem Skulpturelement
Abb. 3. *Lioestheria monticula* Martens, 1983 (USNM-528942) Teil der rechten Schale
mit typschem Skulpturelement der großen larvalen Schale (LS)
Abb. 4. *Lioestheria monticula* Martens, 1983 (USNM-528722) linke Schale
Abb. 5. *Lioestheria monticula* Martens, 1983 (USNM-528723) rechte Schale
Abb. 6. *Lioestheria monticula* Martens, 1983 (USNM-528941) linke Schale
Abb. 7. *Lioestheria* cf. *L. carinacurvata* Martens & Lucas, 2005 (USNM-5288944)
rechte Schale mit carina-like Skulptur auf der larvalen Schale
Abb. 8. *Lioestheria* cf. *L. carinacurvata* Martens & Lucas, 2005 (USNM-528823) linke
Schale mit carina-like Skulptur auf der larvalen Schale
Abb. 9. *Lioestheria* cf. *L. carinacurvata* Martens & Lucas, 2005 (USNM-528824) mehr
als 3 Exemplare in lateraler Ansicht
Abb. 10. *Pseudestheria noconaensis* sp. nov. (USNM-528833) linke Schale eines
adulten Exemplares mit mehr als 14 Anwachsstreifen (AST)
Abb. 11. *Pseudestheria noconaensis* sp. nov. (USNM-528828), linke Schale in latera-
ler Ansicht
Abb. 12. *Pseudestheria noconaensis* sp. nov. (USNM-528828) Teil des Dorsalrandes
(DR) mit wenigen feinen fächerartigen Striemen der Anwachslinien-Struktur um den
Dorsalrand (DR)

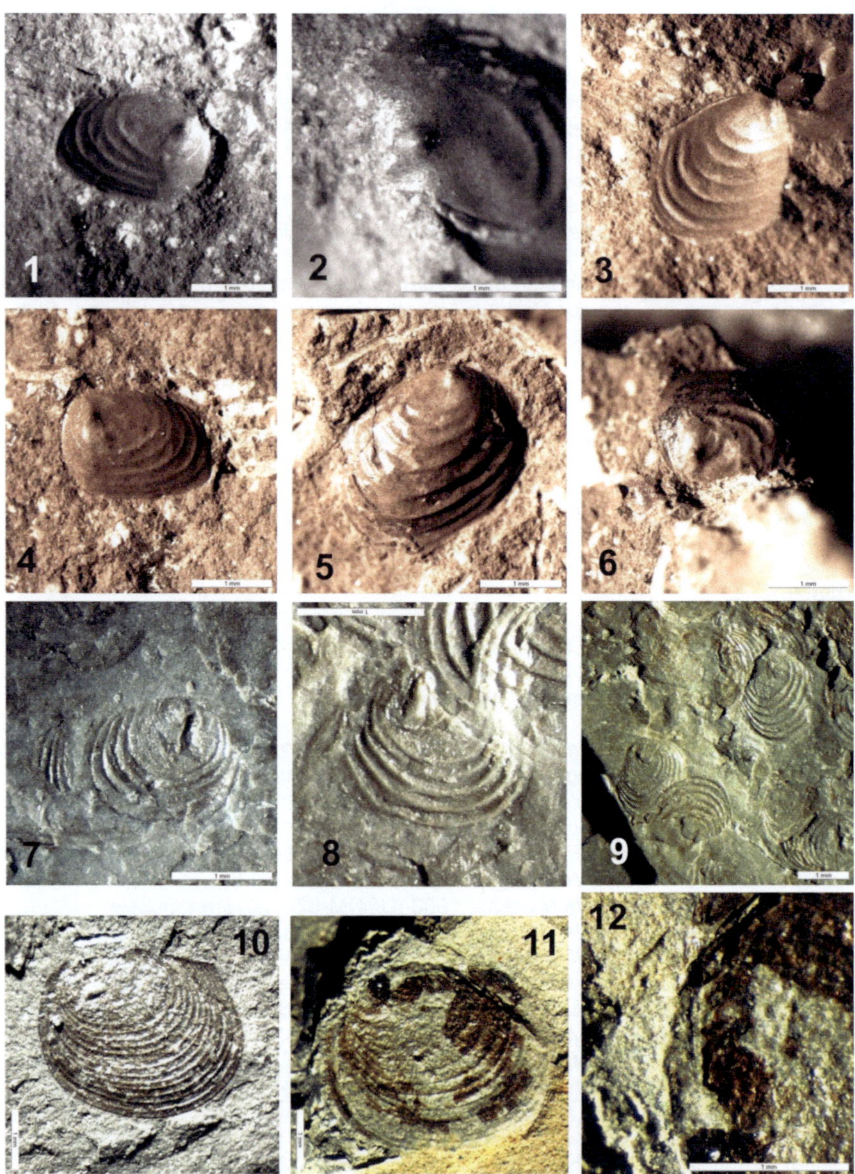

Tafel 5

Plate 5

Fig. 1–6. loc.:Archer City Bone Bed bed 3, North-Central Texas, USA, Archer City Formation, Cisuralian; Fig. 7–12. loc.: South of Black Flat, North-Central Texas, USA, Nocona Formation, Cisuralian

Fig. 1. *Lioestheria monticula* Martens, 1983 (USNM-528718) left shell with typical sculpture element (cone) at the large LS, concave
Fig. 2. *Lioestheria monticula* Martens, 1983 (USNM-528719) part of the right larval shell with typical sculpture element
Fig. 3. *Lioestheria monticula* Martens, 1983 (USNM-528942) part of the right shell with typical sculpture element of the large LS
Fig. 4. *Lioestheria monticula* Martens, 1983 (USNM-528722) left shell
Fig. 5. *Lioestheria monticula* Martens, 1983 (USNM-528723) right shell
Fig. 6. *Lioestheria monticula* Martens, 1983 (USNM-528941) left shell
Fig. 7. *Lioestheria* cf. *L. carinacurvata* Martens & Lucas, 2005 (USNM-5288944) right shell with carina-like sculpture of the LS
Fig. 8. *Lioestheria* cf. *L. carinacurvata* Martens & Lucas, 2005 (USNM-528823) left shell with carina-like sculpture of the LS
Fig. 9. *Lioestheria* cf. *L. carinacurvata* Martens & Lucas, 2005 (USNM-528824) more than three specimens in lateral view
Fig. 10. *Pseudestheria noconaensis* sp. nov. (USNM-528833) left shell of an adult specimen with more than 14 growth bands (GB)
Fig. 11: *Pseudestheria noconaensis* sp. nov. (USNM-528828), left shell in lateral view
Fig. 12: *Pseudestheria noconaensis* sp. nov. (USNM-528828) part of the dorsal margin (DM) with few fine fan-shaped striation of the growth lines structure around the DM

Lioestheria cf. *L. carinacurvata* Martens & Lucas, 2005
Taf. 3, Abb. 7–9; Abb. 51

Holotyp:
NMMNH P-45704, Originale in MARTENS& LUCAS (2005), Fig. 5A
Locus typicus:
NMMNH locality 4667, New Mexico
Paratypen:
NMMNH P-45701, P-45703, P-45706, P-45708, P-45711, P-45718, P-45719, P-45730, P-45732, MARTENS & LUCAS (2005), Figs 4, 5, 6
Untersuchte Exemplare aus Texas:
USNM-528823: left shell with carina-like sculpture of the LS, USNM-528944: right shell with carina-like sculpture of the LS, USNM-528824: more than three specimens in lateral view
Nachweis in Nord-Zentral Texas, USA und Stratigraphie:
South of Black Flat, Nocona Formation, Cisralian
Diagnose und Beschreibung:
Die Rekonstruktion der Carapax in Abb. 51 zeigt die typischen Merkmaler der larvalen Schale. (siehe Diagnose in MARTENS & LUCAS 2005) Die relativ große LS wird von einer radial angeordneten Rippe markiert. Der Carapax ist subquadratisch und im adulten Stadium werden die relativ wenigen AST enger. Dies ist aber kein Artmerkmal, sondern ein ontogenetisches Merkmal, das bei zahlreichen Conchostrakenarten

auftritt. Der innere Dosalrand ist gerade und erscheint durch die Außenlinie der radialen Rippen im DR-Bereich gebogen.

Maße:

Carapax-Länge (L)	L min	Lmax(mm)
Lioestheria cf. carinacurvata from Texas	1,50	2,0
Lioestheria carinacurvata Martens & Lucas, 2005		3,0
Lioestheria monticule Martens, 1983a	1,86	4,08
Lioestheria pseudotenella Martens, 1983a loc. L	1,40	3,35

Biostratigraphische Bedeutung: Vorerst müssen weitere Untersuchungen abgewartet werden. Dann besteht vielleicht die Möglichkeit der Korrelation mit dem Cisuralian von New Mexico, USA.

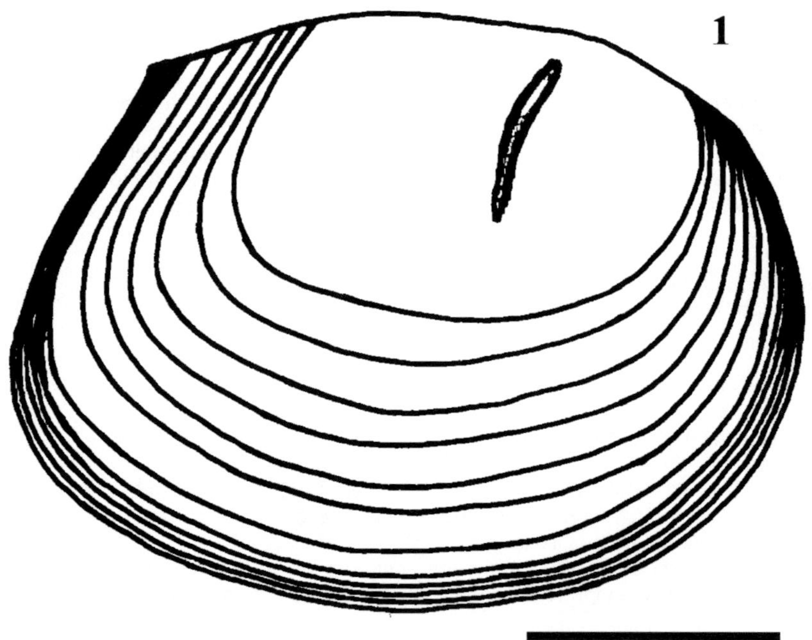

Abb. 51. *Lioestheria* cf. *L. carinacurvata* Martens & Lucas, 2005, Maßstab = 1mm
Fig. 51. *Lioestheria cf. L. carinacurvata* Martens & Lucas, 2005, scale = 1 mm

Family Pseudestheriidae Raymond, 1946
Type genus: *Pseudestheria* Raymond, 1946
Genus: *Pseudestheria* Raymond, 1946
Type species: *Pseudestheria brevis* Raymond, 1946

Pseudestheria noconaensis sp. nov.

Taf. 3, Abb. 10–12 , Taf. 4, Abb. 1–6; Abb. 52

Derivatio nominis:
Benannt nach dem Vorkommen in der Nocona Formation im Cisuralian von Nord-
Zentral Texas
Holotyp:
USNM-528789 (+Gegendruck), Taf. 6, Abb. 1
Typuslokalität des Holotyps:
Rattlesnake Canyon South, Nord-Zentral Texas, USA, Nocona Formation, Cisuralian
Paratypen:
USNM-528790, Taf. 6, Abb. 4
USNM-528791, Taf. 6, Abb. 3, 4a, 5

Tafel 6

Abb. 1–8. Lok.: Rattlesnake Canyon South, Nord-Zentral Texas, USA, Nocona Formation, Cisuralian; Abb.: 9–11. Haycamp North, Nord-Zentral Texas, USA, Petrolia
Formation, Cisuralian

Abb. 1. *Pseudestheria noconaensis* sp. nov. (USNM-528789) Holotyp, linke Schale
Abb. 2. *Pseudestheria noconaensis* sp. nov. (USNM-528789) Holotyp, rechte Schale,
Gegendruck
Abb. 3. *Pseudestheria noconaensis* sp. nov. (USNM-528791) Paratyp, linke Schale
Abb. 4. *Pseudestheria noconaensis* sp. nov. (USNM-528790) Paratyp, Teil der larva-
len Schale
Abb. 4a. *Pseudestheria noconaensis* sp. nov. (USNM-528791) Paratyp, Teil des Dor-
salrandes mit fächerartiger Striemung der Wachstumsstruktur im Bereich des Dorsal-
randes (DR)
Abb. 5. *Pseudestheria noconaensis* sp. nov. (USNM-528791) Paratyp, Wachstumsli-
nien mit engem Abstand nahe des vorderen Teils des Dorsalrandes (dv)
Abb. 6. Eier von Amphibien ? (USNM-528792)
Abb. 7. *Spirorbis* sp. (USNM-528793)
Abb. 8. ? *Pseuestheria brevis* Raymond, 1946 (USNM-528729) linke Schale mit einem konvexen Wirbel
Abb. 9. *Pseudestheria brevis* Raymond, 1946 (USNM-528731) linke Schale mit mehr
als 28 Anwachsstreifen, großes Exemplar, Carapax etwa 6 mm lang
Abb. 10. *Pseudestheria brevis* Raymond, 1946 (USNM-528731) linke Schale, Teil
des Dorsalrandes (DR) mit wenigen feinen fächerartigen Striemen der Wachstumsli-
nien-Struktur um den DR
Abb. 11. *Pseudestheria brevis* Raymond, 1946 (USNM-528729), rechter Teil der linken Schale

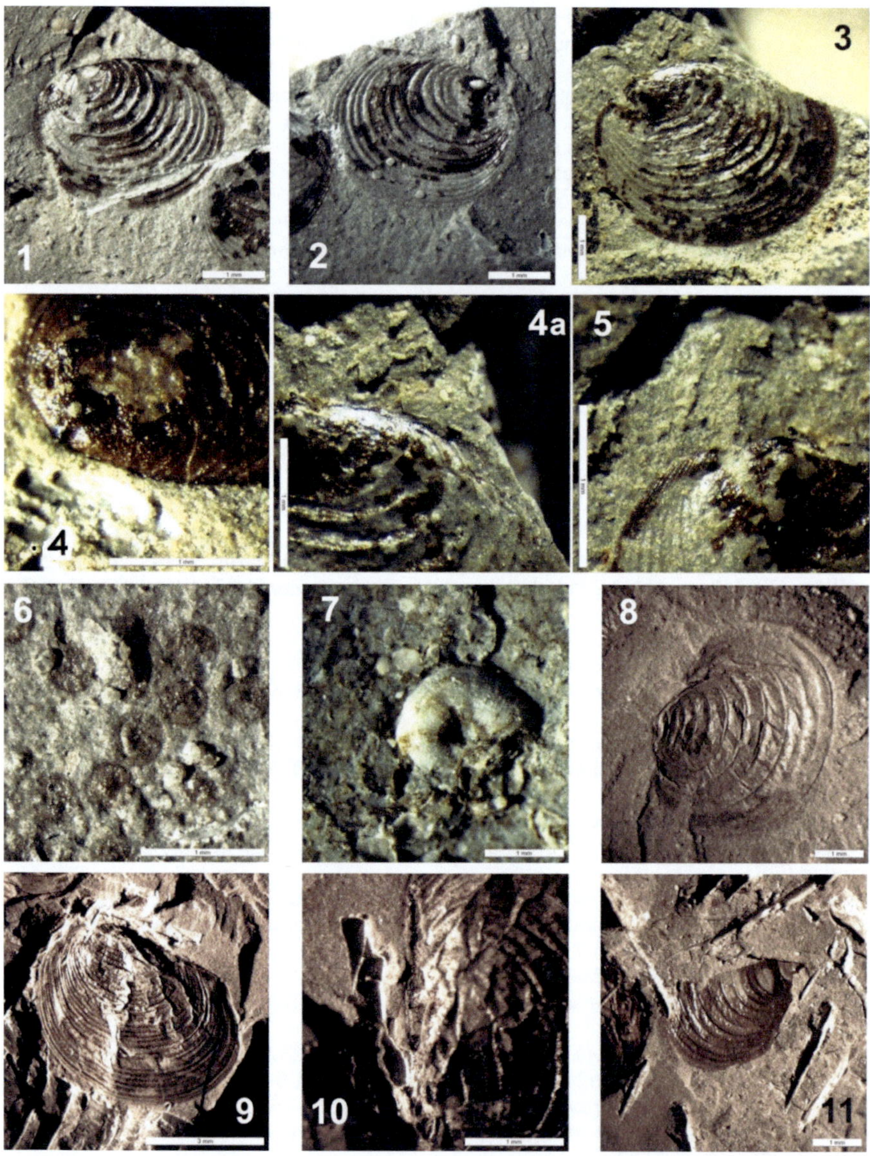

Tafel 6

Plate 6

Fig. 1–8. Loc.: Rattlesnake Canyon South, North-Central Texas, USA, Nocona Formation, Cisuralian, Fig.: 9–12. Haycamp North, North-Central Texas, USA, Petrolia Formation, Cisuralian

Fig. 1. *Pseudestheria noconaensis* sp. nov. (USNM-528789) holotype, left shell
Fig. 2. *Pseudestheria noconaensis* sp. nov. (USNM-528789) holotype, right shell, counterpart
Fig. 3. *Pseudestheria noconaensis* sp. nov. (USNM-528791) paratype, left shell
Fig. 4. *Pseudestheria noconaensis* sp. nov. (USNM-528790) paratype, part of LS
Fig. 4a. *Pseudestheria noconaensis* sp. nov. (USNM-528791) paratype, part of DM with fan.shaped striation of the growth line structure around the DM
Fig. 5. *Pseudestheria noconaensis* sp. nov. (USNM-528791) paratype, growth lines with narrow distance near the anterior part of the dorsal margin (DMa)
Fig. 6. eggs of amphibians ? (USNM-528792)
Fig. 7. *Spirorbis* sp. (USNM-528793)
Fig. 8. ? *Pseudestheria brevis* Raymond, 1946 (USNM-528729) left shell with a convex umbo
Fig. 9. *Pseudestheria brevis* Raymond, 1946 (USNM-528731) left shell with more than 28 growth bands, large specimen, carapace about 6 mm long
Fig. 10. *Pseudestheria brevis* Raymond, 1946 (USNM-528731) left shell, part of the dorsal margin (DM) with few fine fan-shaped striation of the growth lines structure around the DM,
Fig. 11. *Pseudestheria brevis* Raymond, 1946 (USNM-528729), right part of the left shell

Untersuchte Exemplare aus Texas:
USNM-528789 + Gegendruck des Holotyps, linke Schale, USNM-528790: Paratyp, Teil der larvalen Schale, USNM-528791: Paratyp, linke Schale, USNM-528791: Paratyp, Teil des DR mit wenigen feinen fächerartigen Striemen der Wachstumslinien-Struktur um den DR, USNM-528791: Paratyp, Anwachslinien mit geringem Abstand nahe des Vorderrandes der Carapax, USNM-528833: linke Schale eines adulten Exemplares wmit mehr als 14 Anwachsstreifen, USNM-528828: linke Schale in seitlicher Ansicht
Nachweis in Nord-Zentral Texas, USA und Stratigraphie:
South of Black Flat, north-central Texas, USA Nocona Formation, Cisuralian, Rattlesnake Canyon South, Texas, USA, Nocona Formation, Cisuralian
Diagnose und Beschreibung:
Die 3dimensionale Rekonstruktion der Carapax von *Pseudestheria noconaensis* sp. nov. in Abb. 52 zeigt alle wichtigen Merkmale einer Art der Gattung *Pseuestheria*. Allerdings sind die striemenartig gebündelten AST im Dorsalrandbereich nicht dargestellt, aber im Foto nachweisbar. Unklar ist noch die Ausbildung des Überganges vom DR in den Vorderand der Schale. Möglicherweise ist hier ein kurzer DR-Abschnitt ausgebildet. Das wäre dann ein weiteres Merkmal der Art "*noconaensis*". Es besteht hierbei Ähnlichkeit zu *Pseudestheria graciliformis* Martens, 1983 aus der Hornburg-Formation des SO-Harzvorlandes. Allerdings müssen noch weitere Untersuchungen erfolgen, um herauszubekommen, ob dieses Merkmal tatsächlich existiert. Die adulte Art ist kleiner als *Pseudestheria brevis* Raymond, 1946.

Maße:

```
--------------------------------------------------------------------
Carapax-Länge (L)                          L min      Lmax(mm)
--------------------------------------------------------------------
Pseudestheria noconaensis                   3,0        3,5
--------------------------------------------------------------------
```

Biostratigraphische Bedeutung:
Die Art *Pseudestheria noconaensis* ist bisher nur aus Nord-Zentral Texas aus der Nocona Formation bekannt. Die Nocona Formation ist jünger als die Tambach-Formation des Thüringer Walde

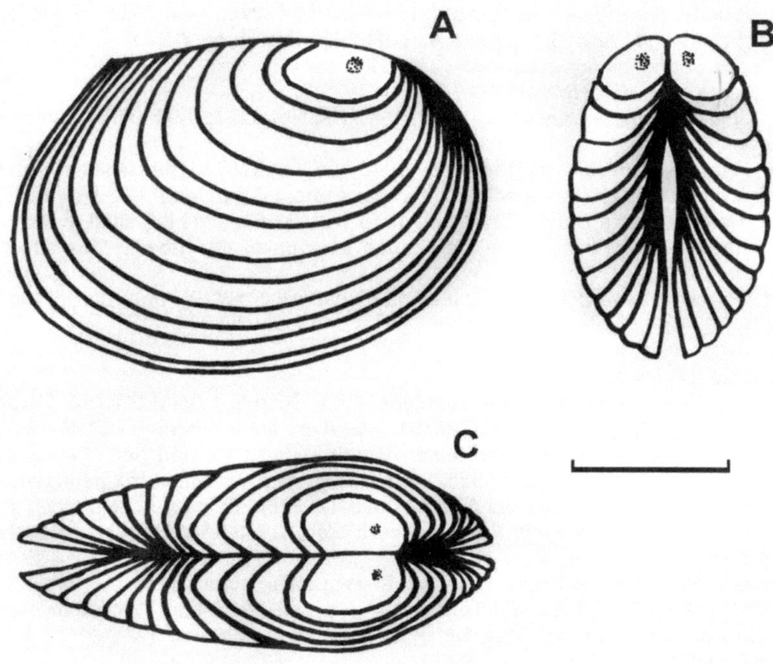

Abb. 52. *Pseudestheria noconaensis* sp. nov. in 3 Ansichten (A,B.C), Maßstab = 1 mm
Fig. 52. *Pseudestheria noconaensis* sp. nov. in 3 views (A, B, C), scale = 1 mm

Tafel 7

Abb. 1–2. Lok.: Boone Ranch, Nord-Zentral Texas, USA, Petrolia Formation Cisuralian, Abb. 3–6, 9. Lok.: Waggoner Harmel Fenceline, Nord-Zentral Texas, USA, Petrolia Formation, Cisuralian, Abb. 7, 8, 10–12. Lok.: LF. 236, Nord-Zentral Texas, USA, Lueders Formation, Cisuralian

Abb. 1. *Pseuestheria brevis* Raymond, 1946 (USNM-528732) rechte Schale, großer Carapax, Wirbel liegt im mittleren Abschnitt des DR
Abb. 2. *Pseuestheria brevis* Raymond, 1946 (USNM-528733) linke und rechte Schale, Wirbel liegt im mittleren Abschnitt des DR
Abb. 3. *Pseuestheria brevis* Raymond, 1946 (USNM-528795) rechte Schale mit DR
Abb. 4. *Pseuestheria brevis* Raymond, 1946 (USNM-528950) Teil der rechten Schale mit einem abgegewinkelten DR im hinteren Teil
Abb. 5. *Pseuestheria brevis* Raymond, 1946 (USNM-528796) Teil einer großen rechten Schale mit mehr als 18 AST
Abb. 6. *Pseuestheria brevis* Raymond, 1946 (USNM-528797) vorderer Teil der rechten Schale
Abb. 7. *Pseudestheria* sp. L1 (USNM-528798) Teil der rechten und linken Schale sich überlappend
Abb. 8. *Pseudestheria* sp. L1 (USNM-528798) Teil der rechten und linken Schale sich überlappend, Gegedruck.
Abb. 9. *Pseuestheria brevis* Raymond, 1946 (USNM-528795) Schalen von 4 Conchostraken
Abb. 10. *Pseudestheria sp.* L1 (USNM-528799) rechte Schale
Abb. 11. *Pseudestheria* sp. L1 (USNM-528959) 3 Schalen sich überlappend
Abb. 12. *Pseudestheria* sp. L1 (USNM-528800) rechte Schale

Plate 7

Fig. 1–2. loc.: Boone Ranch, North-Central Texas, USA, Petrolia Formation, Cisuralian; Fig. 3–6. 9: loc.: Waggoner Harmel Fenceline, North-Central Texas, USA, Petrolia Formation, Cisuralian; Fig. 7, 8, 10–12. loc.: LF. 236, North-Central Texas, USA, Lueders Formation, Cisuralian

Fig. 1. *Pseuestheria brevis* Raymond, 1946 (USNM-528732) right shell, lage carapace, umbo near the middle part of the DM
Fig. 2. *Pseuestheria brevis* Raymond, 1946 (USNM-528733) left and right shell from the same specimen, umbo near the middle part of the DM
Fig. 3. *Pseuestheria brevis* Raymond, 1946 (USNM-528795) right shell with DM
Fig. 4. *Pseuestheria brevis* Raymond, 1946 (USNM-528950) part of the right shell with an angle in the posterior part of the DM
Fig. 5. *Pseuestheria brevis* Raymond, 1946 (USNM-528796) part of a large right shell with more than 18 growth bands
Fig. 6. *Pseuestheria brevis* Raymond, 1946 (USNM-528797) anterior part of the right shell
Fig. 7. *Pseudestheria* sp. L1 (USNM-528798) part of the right and left shell overlapping
Fig. 8. *Pseudestheria* sp. L1 (USNM-528798) part of the right and left shell overlapping, counterpart

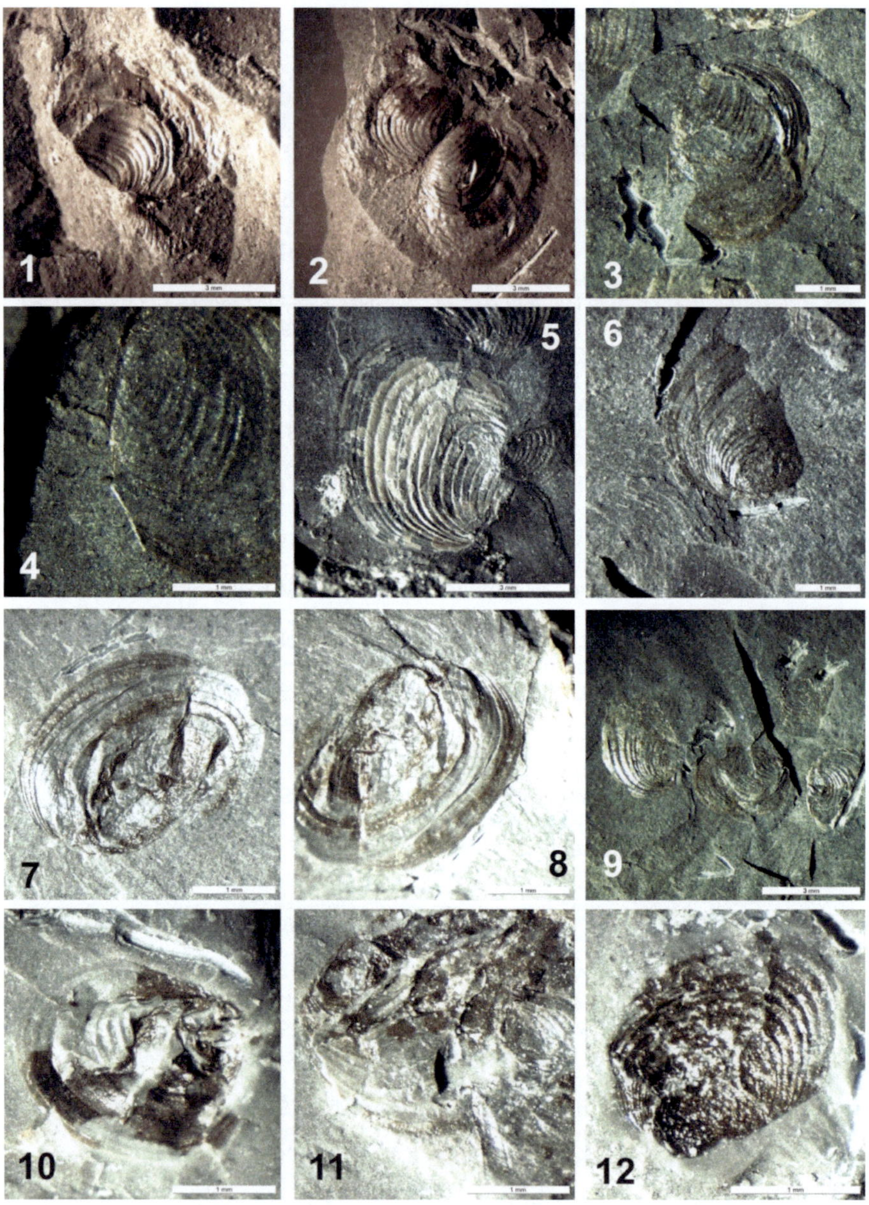

Tafel 7

Fig. 9. *Pseuestheria brevis* Raymond, 1946 (USNM-528795) shells of 4 specimens
Fig. 10. *Pseudestheria sp.* L1 (USNM-528799) right shell
Fig. 11. *Pseudestheria* sp. L1 (USNM-528959) 3 shells overlapping
Fig. 12. *Pseudestheria* sp. L1 (USNM-528800) right shell

Pseudestheria brevis Raymond, 1946

Taf 4, Abb. 9–12, Taf. 5, Abb. 1–6, 9, Taf. 6, Abb. 1–12, Taf. 8, Abb. 4–13, Taf. 9, Abb. 1–14, Taf. 10, Abb. 4, 7, 10, 11, Taf. 11, Abb. 4, 5, 7, 9; Abb. 53

Synonyme:
Pseudestheria brevis – in RAYMOND 1946, 243, Tafel 2, Abb. 9,10,
Pseudestheria plicifera – in RAYMOND 1946, 249, Tafel 2, Abb. 12, Lokalität: Noble County und Elmo, Oklahoma, USA
Pseudestheria rugosa – in RAYMOND 1946, 250, Tafel 3, Abb. 2, Lokalität: SW1/4 NW1/4, Sec. 2, T21 N, R1 W, Noble County, Oklahoma, USA
Pseudestheria laminatus – in RAYMOND 1946, 265, Tafel 3, Abb. 12, Tafel 4, Abb.1, 2, Lokalität: Noble IE, Noble County, Oklahoma, USA
Holotyp: *Pseudestheria brevis* Raymond, 1946; Seite 243, Taf. 2, Abb.10; (MCZ-4798) veröffentlich zuerst von MARTENS (1983b)
Typuslokalität und Stratigraphie des Holotyps: Noble County, Oklahoma, USA (Nr. 30), Wellington Formation, Cisuralian
Paratypen: Originale zu RAYMOND (1946), Taf. 2, Abb. 9, MCZ-4790, MCZ-4805
Untersuchte Exemplare aus Texas:
USNM-528729: linke Schale mit einem konvexem Wirbel, USNM-528731: linke Schale mit mehr als 28 Anwachsstreifen, relative große Exemplare, Carapax etwa 6 mm lang, USNM-528732: rechte Schale, große Carapax, Wirbel nahe des mittleren Teils des DR, USNM-528733: linke und rechte Schale vom selben Belegstück, Wirbel nahe des mittleren Teils des DR, USNM-528741: rechte Schale mit zwei unterschiedlichen Wachstumsstadien, USNM-528748: linke Schale mit Deformation, USNM-528749: juveniles Exemplar, linke Schale, LS mit dem kurzen typischen radialen Element, Carapax mit über 11 engen Anwachslinien, USNM-528751: juveniles Exemplar, linke Schale mit über 9 Anwachslinien, USNM-528756: linke Schale, USNM-528757: linke Schale, USNM-528945: linke Schale, USNM-528768: linke Schale, USNM-528946: rechte Schale, USNM-528769: linke Schale, USNM-528770: vorderer Teil des DR, USNM-528771: deformierte Schale, USNM-528773: rechte Schale, juvenile Exemplare, USNM-528774: deformierte Schale juveniles Exemplar, USNM-528775: rechte Schale, juveniles Exemplar, USNM-528776: rechte Schale juveniles Exemplar, USNM-528777: rechte Schale, USNM-528779: linke Schale, USNM-528781: große linke Schale mit mehr als 29 Anwachslinien, vorderer Teil der Schale fehlt, USNM-528782: linke Schale mit etwa 10 Anwachlinien, USNM-528784: echte Schale USNM-528947:linke Schale mit etwa 13 Anwachslinien USNM-528787: linke Schale USNM-528948: linke Schale, USNM-528949: Teil der rechten Schale mit typischer Skulptur der larvalen Schale (LS), USNM-528795: rechte Schale zusammen mit 3 anderen Schalen von Conchostraken, USNM-528795: rechte Schale mit DR, USNM-528950:Teil der rechten Schale mit einem Winkel im hinterem Teil des DR, USNM 528796:Teil der großen rechten Schale mit mehr als 18 Anwachslinien, USNM 528797:vorderer Teil der rechten Schale, USNM-528808: rechte Schale, USNM-528809: rechte Schale, USNM-528951: juvenile linke Schale mit der typischen Skulptur der LS, USNM-528810: rechte und linke Schale des selben Exemplares USNM-528810: rechte und linke Schale zusammen mit mehr als 10 anderen Schalen von Conchostraken, USNM-528952: linker und rechter Teil der rech-

ten Schale, USNM-528953: vorderer Teil der Schale nahe der larvalen Schale, USNM-528954: rechte Schale, USNM-528955: rechte Schale, USNM-528811: linke Schale mit Wirbel, USNM-528816: linke Schale, USNM-528956: rechte Schale, USNM-528957: linke Schale, USNM-528816:linke Schale und mehr als 11 Exemplare in verschiedener Ansicht, USNM-528958: Teil des DR mit wenigen feinen Striemen.

Nachweis in Nord-Zentral Texas, USA und Stratigraphie:
Haycamp North, Petrolia Formation, Cisuralian; Boone Ranch, Petrolia Formation, Cisuralian; Waggoner Harmel Fenceline, Petrolia Formation, Cisuralian; Red Hollow, Petrolia Formation, Cisuralian; Meteor Tank, Loc. 12, Middle Petrolia Formation, Cisuralian; Cassil Hollow, Höchste Petrolia Formation, Cisuralian, Mitchell Creek Flats, Upper Waggoner Ranch Formation, Cisuralian

Diagnose und Beschreibung:
Der Carapax zeigt nur einen schwach gebogenen Dorsalrand, dessen stärkste Biegung im Übergangsbereich zwischen den d-Abschnitt und dh-Abschnitt festzustellen ist. Der Carapax ist insgesamt stark konvex gewölbt, wobei die Wölbung in Richtung Wirbel zunimmt (Abb. 53). Vor allem bei juvenilen Exemplaren ist die relativ kleine aber deutlich ausgeprägte halbkugelförmige Aufwölbung auf der larvalen Schale zu erkennen. Die Aufwölbung liegt in der vorderen Hälfte der LS und lokalitiert die Kontaktstelle des Schalenschließmuskels mit der LS in der larvalen Entwicklungsphase des Carapax. Eine spezielle Skulptur auf der LS ist nicht nachweisbar. Die AST sind deutlich skulpturiert.

Maße:

Carapax-Länge (L)	L min	L max (mm)
Pseudestheria brevis Raymond, 1946	4,0	6,0

Biostratigraphische Bedeutung:
Pseudestheria brevis setzt im Cisuralian von Nord-Zentral Texas im Niveau der Petrolia Formation ein. Einzelne erste Nachweise gelangen in der Lok. Rattlesnake Canyon South in der Nocona Formation. Die Art setzt deutlich in der Petrolia Formation ein und reicht bis in die Oberer Waggoner Ranch Formation. Im benachbarten Oklahoma tritt die Art in der Wellington Formation auf. Im europäischen höheren Unterperm fehlt bisher diese charakteristische Conchostraken-Art. Möglicherweise fehlen in Europa bisher die Nachweise altersgleicher Sedimente aus dem oberen Artinskian.

Tafel 8

Abb. 1–12. Lok.: Red Hollow, Nord-Zentral Texas, USA, Petrolia Formation, Cisuralian

Abb. 1. *Pseuestheria brevis* Raymond, 1946 (USNM-528808) rechte Schale mit mehr als 17 Anwachslinien
Abb. 2. *Pseuestheria brevis* Raymond, 1946 (USNM-528808) Teil einer rechten Schale, hinterer Teil des Dorsalrandes (DR) mit wenigen feinen, fächerförmigen Striemen als Anwachsstreifen im Dorsalrandbereich

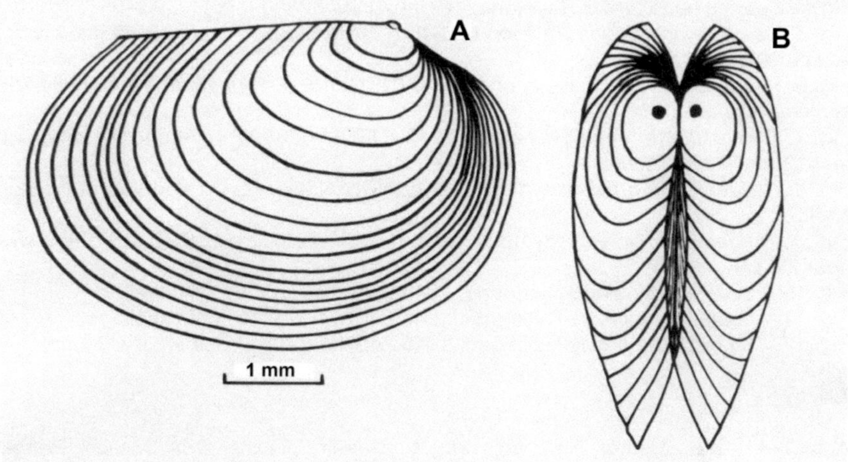

Abb. 53. *Pseudestheria brevis* Raymond, 1946 in 2 Ansichten, Maßstab = 1 mm
Fig. 53. *Pseudestheria brevis* Raymond, 1946 in 2 images, scale = 1mm

Abb. 3. *Pseuestheria brevis* Raymond, 1946 (USNM-528808) rechte Schale wie Abb. 1
Abb. 4. *Pseuestheria brevis* Raymond, 1946 (USNM-528809) rechte Schale
Abb. 5. *Pseuestheria brevis* Raymond, 1946 (USNM-528951) juvenile linke Schale mit einer Skulptur in der larvalen
Abb. 6. *Pseuestheria brevis* Raymond, 1946 (USNM-528810) rechte und linke Schale eines Exemplares
Abb. 7. *Pseuestheria brevis* Raymond, 1946 (USNM-528810) rechte und linke Schale von mehr als 10 Exemplaren
Abb. 8. *Pseuestheria brevis* Raymond, 1946 (USNM-528952) linke und Teil der rechten Schale
Abb. 9. *Pseuestheria brevis* Raymond, 1946 (USNM-528953) vorderer Teil der Schale nahe der lavalen Schale
Abb. 10. *Pseuestheria brevis* Raymond, 1946 (USNM-528954) rechte Schale
Abb. 11. *Pseuestheria brevis* Raymond, 1946 (USNM-528955) rechte Schale
Abb. 12. *Pseuestheria brevis* Raymond, 1946 (USNM-528811) linke Schale mit Skulptur

Plate 8

Fig. 1–12. loc.: Red Hollow, North-Central Texas, USA, Petrolia Formation, Cisuralian

Fig. 1. *Pseuestheria brevis* Raymond, 1946 (USNM-528808) right shell with more than 17 growth lines
Fig. 2. *Pseuestheria brevis* Raymond, 1946 (USNM-528808) part of the right shell, posterior part of the dorsal margin (DM) with few fine fan-shaped striation of the growth lines structure
Fig. 3. *Pseuestheria brevis* Raymond, 1946 (USNM-528808) right shell like Fig. 1

Fig. 4. *Pseuestheria brevis* Raymond, 1946 (USNM-528809) right shell
Fig. 5. *Pseuestheria brevis* Raymond, 1946 (USNM-528951) juvenile left shell with a sculpture in the LS
Fig. 6. *Pseuestheria brevis* Raymond, 1946 (USNM-528810) right and left shell of the same specimen
Fig. 7. *Pseuestheria brevis* Raymond, 1946 (USNM-528810) right and left shell with more than 10 specimens
Fig. 8. *Pseuestheria brevis* Raymond, 1946 (USNM-528952) left and part of the right shell
Fig. 9. *Pseuestheria brevis* Raymond, 1946 (USNM-528953) anterior part of the shell near the LS
Fig. 10. *Pseuestheria brevis* Raymond, 1946 (USNM-528954) right shell
Fig. 11. *Pseuestheria brevis* Raymond, 1946 (USNM-528955) right shell
Fig. 12. *Pseuestheria brevis* Raymond, 1946 (USNM-528811) left shell with umbo

Tafel 9

Abb. 1–11. Loc.: Meteor Tank loc. 12a, Nord-Zentral Texas, USA, Mittlere Petrolia Formation, Cisuralian

Abb. 1. *Pseuestheria* sp. P1 (USNM-528760) rechte Schale
Abb. 2. *Pseuestheria* sp. P1 USNM-528761) Teil der deformierten rechten Schale
Abb. 3. *Pseuestheria* sp. P1 (USNM-528762) rechte Schale
Abb. 4. Rest eines Arthropoden (USNM-528758)
Abb. 5. kleine Schale eines Mollusken (USNM-528960) (USNM-528763-2)
Abb. 6. *Pseuestheria* sp. P1 (USNM-528764) Teil einer deformierten rechten Schale
Abb. 7. *Lioestheria* sp. P2 (USNM-528765) Teil einer rechten Schale
Abb. 8. *Pseuestheria* sp. P1 (USNM-528766) Teil einer deformierten Schale
Abb. 9. Ostracoden (USNM-528762)
Abb. 10. *Pseuestheria* sp. P1 (USNM-528961) Teil einer juvenile Schale
Abb. 11. *Pseuestheria* sp. P1 (USNM-528962) linke und rechte Schale, sich überlappend

Plate 9

Fig. 1–11. Loc.: Meteor Tank loc. 12a North-Central Texas, Middle Petrolia Formation, Cisuralian

Fig. 1. *Pseuestheria* sp. P1 (USNM-528760) right shell
Fig. 2. *Pseuestheria* sp. P1 USNM-528761) part of a deformed right shell
Fig. 3. *Pseuestheria* sp. P1 (USNM-528762) right shell
Fig. 4. remain of an arthropod (USNM-528758)
Fig. 5. small shell of a mollusc (USNM-528960) (USNM-528763-2)
Fig. 6. *Pseuestheria* sp. P1 (USNM-528764) part of a deformed right shell
Fig. 7. *Lioestheria* sp. P2 (USNM-528765) part of a right shell
Fig. 8. *Pseuestheria* sp. P1 (USNM-528766) part of a deformed shell
Fig. 9. ostracodes (USNM-528762)
Fig. 10. *Pseuestheria* sp. P1 (USNM-528961) part of a juvenile shell
Fig. 11. *Pseuestheria* sp. P1 (USNM-528962) left and right shell overlapped

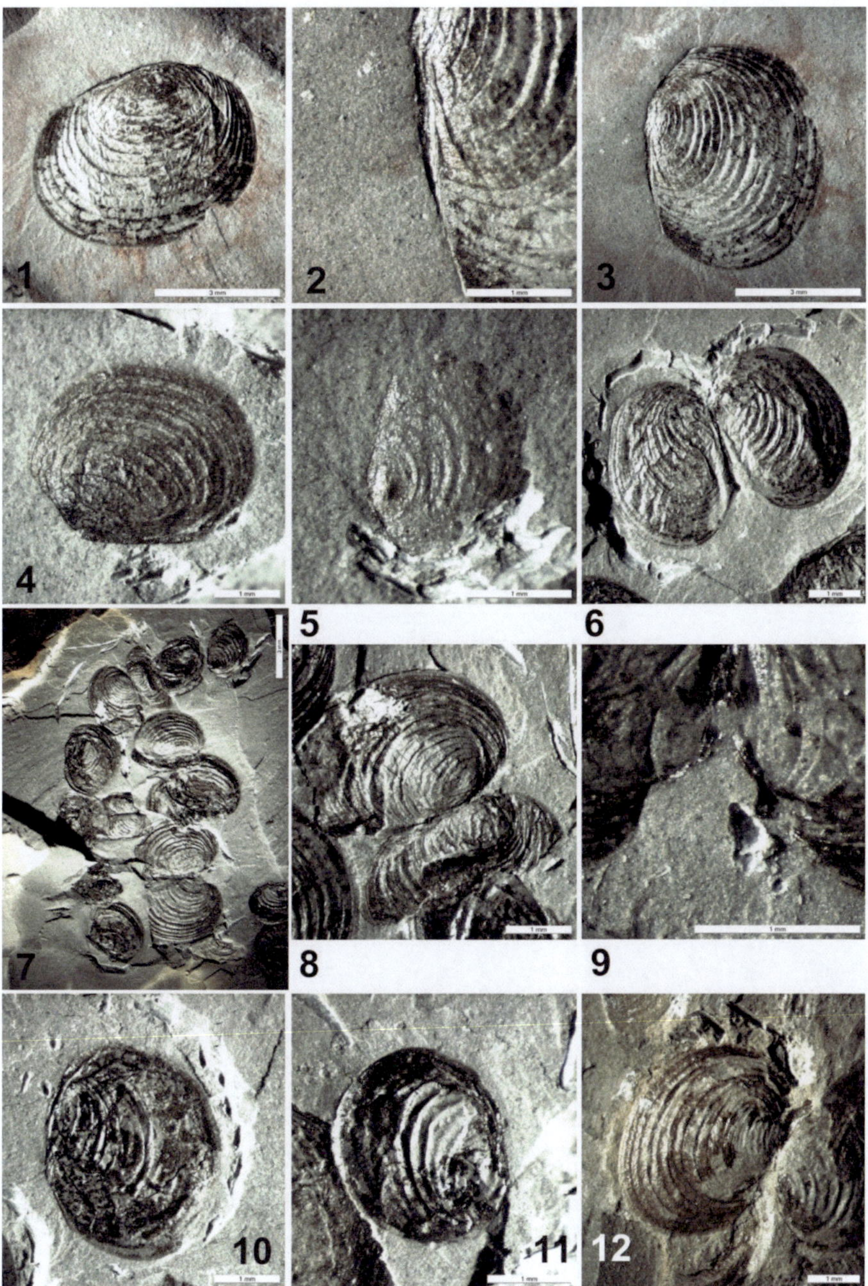

Tafel 8

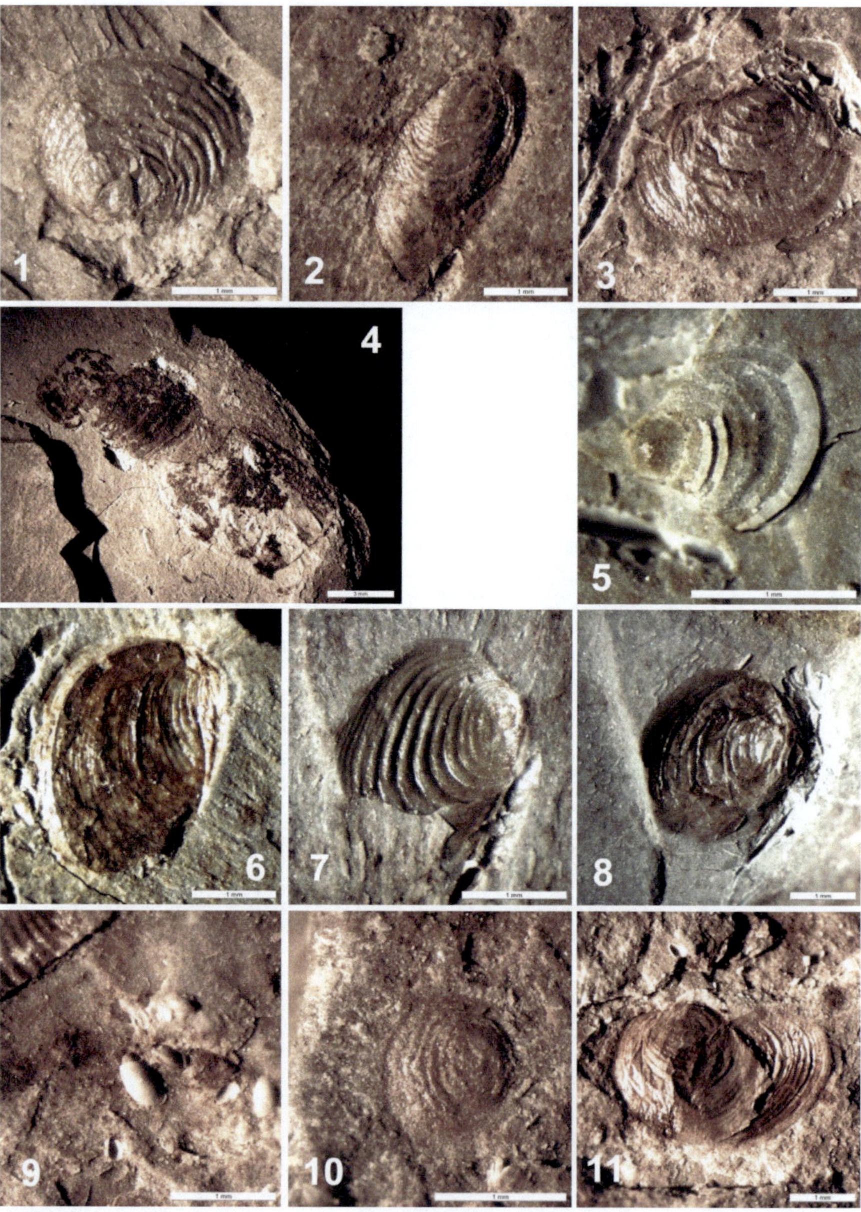

Tafel 9

Tafel 10

Tafel 10

Abb. 1, 3–19. Lok.: Meteor Tank Lok. 12, Nord-Zentral Texas, USA, Mittlere Petrolia Formation, Cisuralian; Abb. 2. Lok.: Cassil Hollow, Nord-Zentral Texas, USA, Oberste Petrolia Formation, Cisuralian

Abb. 1. *Lioestheria* sp. P1 (USNM-528778-1) kleine linke Schale
Abb. 2. *Lioestheria* sp. P1 (USNM-528785-1) kleine linke Schale, Gegendruck zu USNM-528747-1
Abb. 3. *Lioestheria* sp. P1(USNM-528782-2) kleine linke Schale
Abb. 4. *Pseuestheria brevis* Raymond, 1946 (USNM-528784-1) rechte Schale
Abb. 5. *Pseuestheria brevis* Raymond, 1946 (USNM-528787) linke Schale
Abb. 6. *Pseuestheria brevis* Raymond, 1946 (USNM-528787) Skulptur auf der larvalen Schale
Abb. 7. *Pseuestheria brevis* Raymond, 1946 (USNM-528787) Teil der Schale mit Anwachslinien
Abb. 8. *Pseuestheria brevis* Raymond, 1946 (USNM-528779) linke Schale
Abb. 9. *Pseuestheria* sp. P2 (USNM-528780-3) larvale linke Schale mit einer Skulptur auf der larvalen Schale
Abb. 10. *Pseuestheria brevis* Raymond, 1946 (USNM-528779) Skulptur auf der larvalen Schale
Abb. 11. *Pseuestheria brevis* Raymond, 1946 (USNM-528779) Teil der rechten Schale mit einer Skulptur auf der larvalen Schale
Abb. 12. *Pseuestheria* brevis Raymond, 1946 (USNM-528948) linke Schale
Abb. 13. *Pseuestheria brevis* Raymond, 1946 (USNM-528949) Teil der rechten Schale mit einer Skulptur auf der larvalen Schale
Abb. 14. (USNM-528780-2 rechte Schale
Abb. 15. (USNM-528779-1) rechte Schale
Abb. 16. (USNM-528787-2) linke Schale
Abb. 17. (USNM-528787-3) rechte Schale
Abb. 18. *Pseuestheria* sp. P2 (USNM-528965) Teil des Dorsalrandes (DR) mit wenigen feinen, fächerförmigen Striemen als Anwachsstreifen im Dorsalrandbereich
Abb. 19. *Pseuestheria* sp. P2 (USNM-528965) Hinterende des Dorsalrandes

Plate 10

Fig. 1, 3–19. Loc.: Meteor Tank Loc. 12, North-Central Texas, USA, Middle Petrolia Formation, Cisuralian Fig. 2. Loc.: Cassil Hollow, North-Central Texas, USA, Uppermost Petrolia Formation, Cisuralian

Fig. 1. *Lioestheria* sp. P1 (USNM-528778-1) small left shell
Fig. 2. *Lioestheria* sp. P1 (USNM-528785-1) small left shell, counterpart
Fig. 3. *Lioestheria* sp. P1 (USNM-528782-2) small left shell
Fig. 4. *Pseuestheria brevis* Raymond, 1946 (USNM-528784) right shell
Fig. 5. *Pseuestheria brevis* Raymond, 1946 (USNM-528787) left shell
Fig. 6. *Pseuestheria brevis* Raymond, 1946 (USNM-528787) umbo of the shell with LS and the sculpture of the LS
Fig. 7. *Pseuestheria brevis* Raymond, 1946 (USNM-528787) part of the shell with growth bands
Fig. 8. *Pseuestheria brevis* Raymond, 1946 (USNM-528779) left shell

Fig. 9. *Pseuestheria* sp. P2 (USNM-528780-3) larvale left shell with the sculpture of the LS

Fig. 10. *Pseuestheria brevis* Raymond, 1946 (USNM-528779) umbo of the shell with LS and the sculpture of the LS

Fig. 11. *Pseuestheria brevis* Raymond, 1946 (USNM-528779) part of the right shell with the scupture of the LS

Fig. 12. *Pseuestheria* brevis Raymond, 1946 (USNM-528948) left shell

Fig. 13. *Pseuestheria brevis* Raymond, 1946 (USNM-528949) part of the right shell with the sculpture of the LS

Fig. 14. (USNM-528780-2) right shell

Fig. 15. (USNM-528779-1) right shell

Fig. 16. (USNM-528787-2) left shell

Fig. 17. (USNM-528787-3) right shell

Fig. 18. *Pseuestheria* sp. P2 (USNM-528965) part of the dorsal margin (DM) with few fine fan-shaped striation of the growth lines structure

Fig. 19. *Pseuestheria* sp. P2 (USNM-528965) posterior end of the DM

Pseudestheria sp. P1
Taf. 7, Abb. 1–3, 6, 8, 10, 11

Untersuchte Exemplare aus Texas:
USNM-528760: rechte Schale, USNM-528761: Teil der deformierten rechten Schale, USNM-528762: rechte Schale, USNM-528764: Teil der deformierten rechten Schale, USNM-528764: Teil der deformierten rechten Schale, USNM-528766: Teil von einer deformierten Schale, USNM-528961:Teil einer juvenilen Schale, USNM-528962: linke und rechte Schale sich überlappend
Nachweis in Nord-Zentral Texas, USA:
Meteor Tank loc. 12a, Middle Petrolia Formation, Cisuralian
Beschreibung:
Die Conchostraken der noch unbestimmten Art *Pseudestheria* sp. P 1 beschränkt sich auf die Mittlere Petrolia Formation. Ob es sich um eine eigenständige Art handelt, müssen weitere Aufsammlungen ergeben.

Pseudestheria sp. P2
Taf. 8, Abb. 9, 14, 15

Untersuchte Exemplare aus Texas:
USNM-528964: larvale linke Schale mit der typischen Skulptur der LS, USNM-528965: Teil des Dorsalrandes (DR) mit wenigen, feinen Striemen der Anwachslinien Als typisches merkmal der Gattung *Pseudestheria*.
Nachweis in Nord-Zentral Texas, USA:
Meteor Tank Loc. 12, Middle Petrolia Formation, Cisuralian
Beschreibung:
Die Conchostraken der noch unbestimmten Art *Pseudestheria* sp. P 2 beschränkt sich auf die Mittlere Petrolia Formation von Texas. Ob es sich um eine eigenständige Art handelt, müssen weitere Aufsammlungen ergeben.

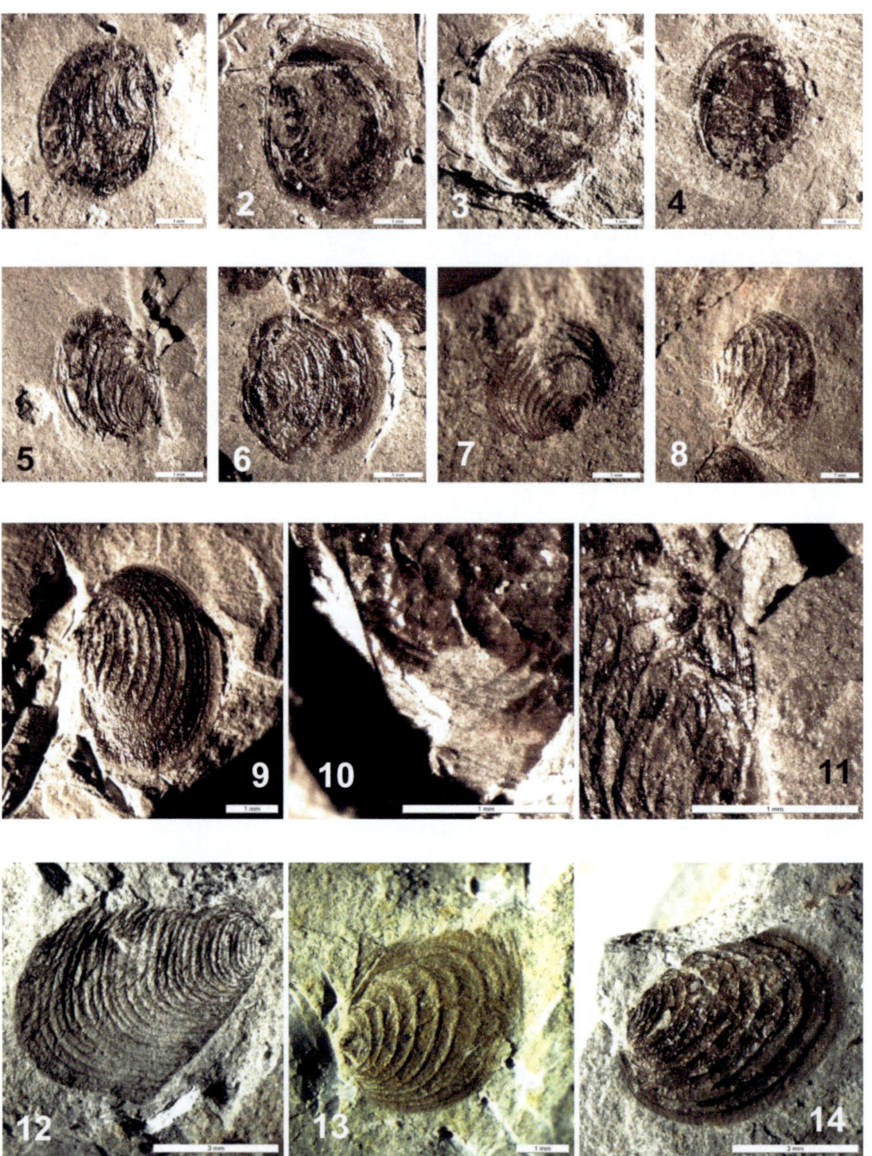

Tafel 11

Tafel 11

Abb. 1–14. Lok.: Meteor Tank Lok. 12, Nord-Zentral Texas, USA, Mittlere Petrolia-Formation, Cisuralian

Abb. 1. *Pseuestheria brevis* Raymond, 1946 (USNM-528768) linke Schale
Abb. 2. *Pseuestheria brevis* Raymond, 1946 (USNM-528768-2) rechte Schale
Abb. 3. *Pseuestheria brevis* Raymond, 1946 (USNM-528769) linke Schale
Abb. 4. *Pseuestheria brevis* Raymond, 1946 (USNM-528771) deformierte Schale
Abb. 5. *Pseuestheria brevis* Raymond, 1946 (USNM-528773) rechte Schale, junges Exemplar
Abb. 6. *Pseuestheria brevis* Raymond, 1946 (USNM-528774) deformierte Schale, junges Exemplar
Abb. 7. *Pseuestheria* brevis Raymond, 1946 (USNM-528775) rechte Schale, junges Exemplar
Abb. 8. *Pseuestheria brevis* Raymond, 1946 (USNM-528776) rechte Schale, junges Exemplar
Abb. 9. *Pseuestheria brevis* Raymond, 1946 (USNM-528777) rechte Schalel mit Skulptur auf der larvalen Schale
Abb. 10. *Pseuestheria brevis* Raymond, 1946 (USNM-528770) hinterer Teil des Dorsalrandes (DR)
Abb. 11. *Pseuestheria brevis* Raymond, 1946 (USNM-528773) Teil des Dorsalrandes (DR) mit wenigen feinen fächerartig angeordneten Anwachsstreifen im DR-Bereich
Abb. 12. *Pseuestheria brevis* Raymond, 1946 (USNM-528781) große larvale Schale mit mehr als 29 Anwachsstreifen, vorderer Teil der Schale fehlt
Abb. 13. *Pseuestheria brevis* Raymond, 1946 (USNM-528782) linke Schale mit über 10 Anwachsstreifen und der Skulptur auf der larvalen Schale
Abb. 14. *Pseuestheria brevis* Raymond, 1946 (USNM-528785-2) linke Schale mit mehr als 13 Anwachsstreifen und einer Skulptur auf der larvalen Schale

Plate 11

Fig. 1–14. Loc.:Meteor Tank loc. 12, North-Central Texas, USA, Middle Petrolia Formation, Cisuralian

Fig. 1. *Pseuestheria brevis* Raymond, 1946 (USNM-528768) left shell
Fig. 2. *Pseuestheria brevis* Raymond, 1946 (USNM-528768-2) right shell
Fig. 3. *Pseuestheria brevis* Raymond, 1946 (USNM-528769) left shell
Fig. 4. *Pseuestheria brevis* Raymond, 1946 (USNM-528771) deformed shell
Fig. 5. *Pseuestheria brevis* Raymond, 1946 (USNM-528773) right shell, juvenile specimen
Fig. 6. *Pseuestheria brevis* Raymond, 1946 (USNM-528774) deformed shell, juvenile specimen
Fig. 7. *Pseuestheria* brevis Raymond, 1946 (USNM-528775) right shell, juvenile specimen
Fig. 8. *Pseuestheria brevis* Raymond, 1946 (USNM-528776) right shell, juvenile specimen
Fig. 9. *Pseuestheria brevis* Raymond, 1946 (USNM-528777) right shell with sculpture of the LS as umbo
Fig. 10. *Pseuestheria brevis* Raymond, 1946 (USNM-528770) posterior part of the DM

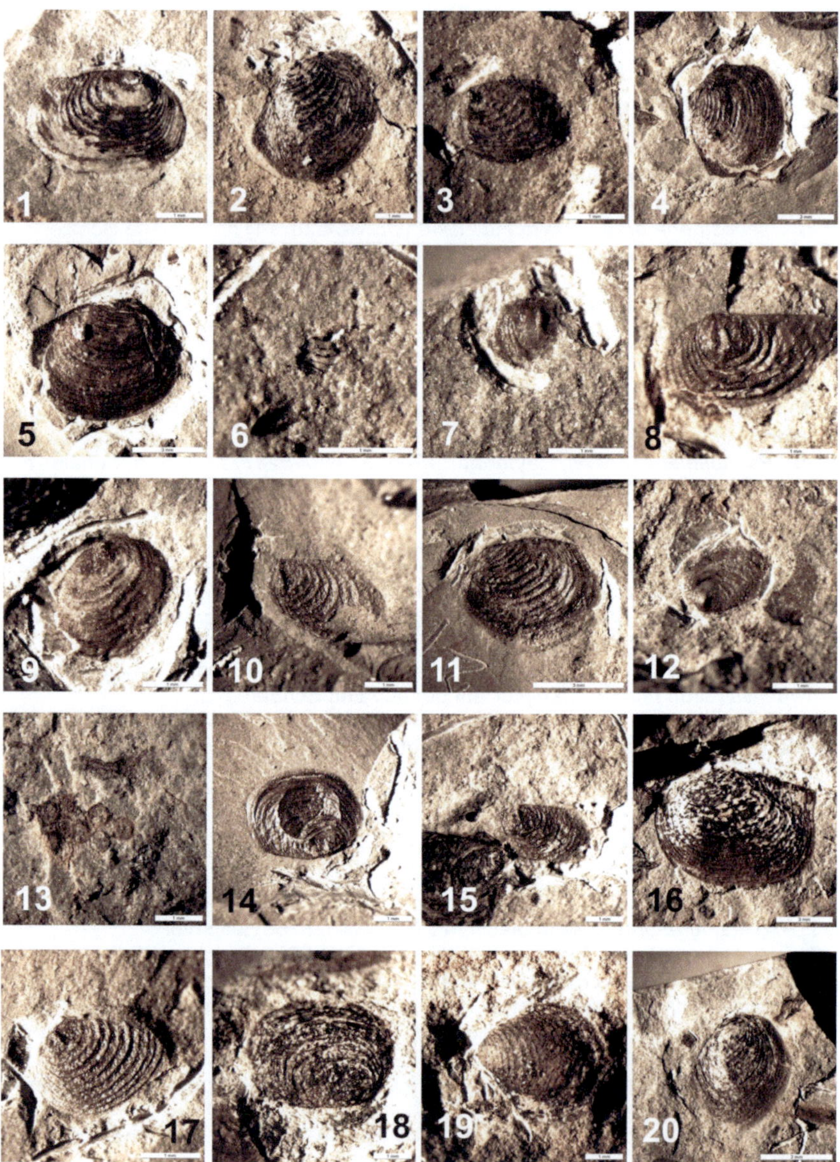

Tafel 12

Fig. 11. *Pseuestheria brevis* Raymond, 1946 (USNM-528773) part of the dorsal margin (DM) with few fine fan-shaped striation of the growth lines structure
Fig. 12. *Pseuestheria brevis* Raymond, 1946 (USNM-528781) large left shell with more than 29 growth bands, anterior part of the shell is missing
Fig. 13. *Pseuestheria brevis* Raymond, 1946 (USNM-528782) left shell with about 10 growth bands and the sculpture of the LS
Fig. 14. *Pseuestheria brevis* Raymond, 1946 (USNM-528785-2) left shell with about13 growth bands and the sculpture of the LS

Tafel 12

Abb. 1–20. Lok.: Cassil Hollow, Nord-Zentral Texas, USA, Oberste Petrolia-Formation, Cisuralian

Abb. 1. *Pseuestheria megaangulata* sp. nov. (USNM-528741-1) rechte Schale
Abb. 2. *Pseuestheria megaangulata* sp. nov. (USNM-528742-1) Paratyp, rechte Schale
Abb. 3. *Pseuestheria megaangulata* sp. nov. (USNM-528742-2) linke Schale
Abb. 4. *Pseuestheria megaangulata* sp. nov. (USNM-528743-1) Paratyp, rechte Schale
Abb. 5. *Pseuestheria megaangulata* sp. nov. (USNM-528743-1A) rechte Schale
Abb. 6. Oogonie von Characeen (USNM-528743-2)
Abb. 7. *Pseuestheria megaangulata* sp. nov. (USNM-528743-3) Teil einer juvenilen linken Schale mit kurzer radialer Skulptur der larvalen Schale
Abb. 8. *Pseuestheria megaangulata* sp. nov. (USNM-528743-4) linke Schale
Abb. 9. *Pseuestheria megaangulata* sp. nov. (USNM-528744-1) rechte Schale
Abb. 10. *Pseuestheria megaangulata* sp. nov. (USNM-528746-1) linke Schale
Abb. 11. *Pseuestheria megaangulata* sp. nov. (USNM-528746-2) linke Schale
Abb. 12. *Lioestheria* sp. P1 (USNM-528747-1) kleine linke Schale
Abb. 13. Eier von Amphibien ? (USNM-528747-2)
Abb. 14. *Pseuestheria megaangulata* sp. nov. (USNM-528748-1) linke Schale
Abb. 15. *Pseuestheria megaangulata* sp. nov. (USNM-528749-1) linke Schale
Abb. 16. *Pseuestheria megaangulata* sp. nov. (USNM-528750-1) Holotyp, linke Schale
Abb. 17. *Pseuestheria megaangulata* sp. nov. (USNM-528752-1) linke Schale
Abb. 18. *Pseuestheria megaangulata* sp. nov. (USNM-528752-2) linke Schale
Abb. 19. *Pseuestheria megaangulata* sp. nov. (USNM-528753-1A) rechte Schale, konvex erhalten
Abb. 20. *Pseuestheria megaangulata* sp. nov. (USNM-528754-1) rechte Schale

Plate 12

Fig. 1–20. Loc. Cassil Hollow, North-Central Texas, USA, Uppermost Petrolia Formation, Cisuralian

Fig. 1. *Pseuestheria megaangulata* sp. nov. (USNM-528741-1) right shell
Fig. 2. *Pseuestheria megaangulata* sp. nov. (USNM-528742-1) paratype, right shell
Fig. 3. *Pseuestheria megaangulata* sp. nov. (USNM-528742-2) left shell
Fig. 4. *Pseuestheria megaangulata* sp. nov. (USNM-528743-1) paratype, right shell
Fig. 5. *Pseuestheria megaangulata* sp. nov. (USNM-528743-1A) right shell
Fig. 6. Oogonie von Characeen (USNM-528743-2)

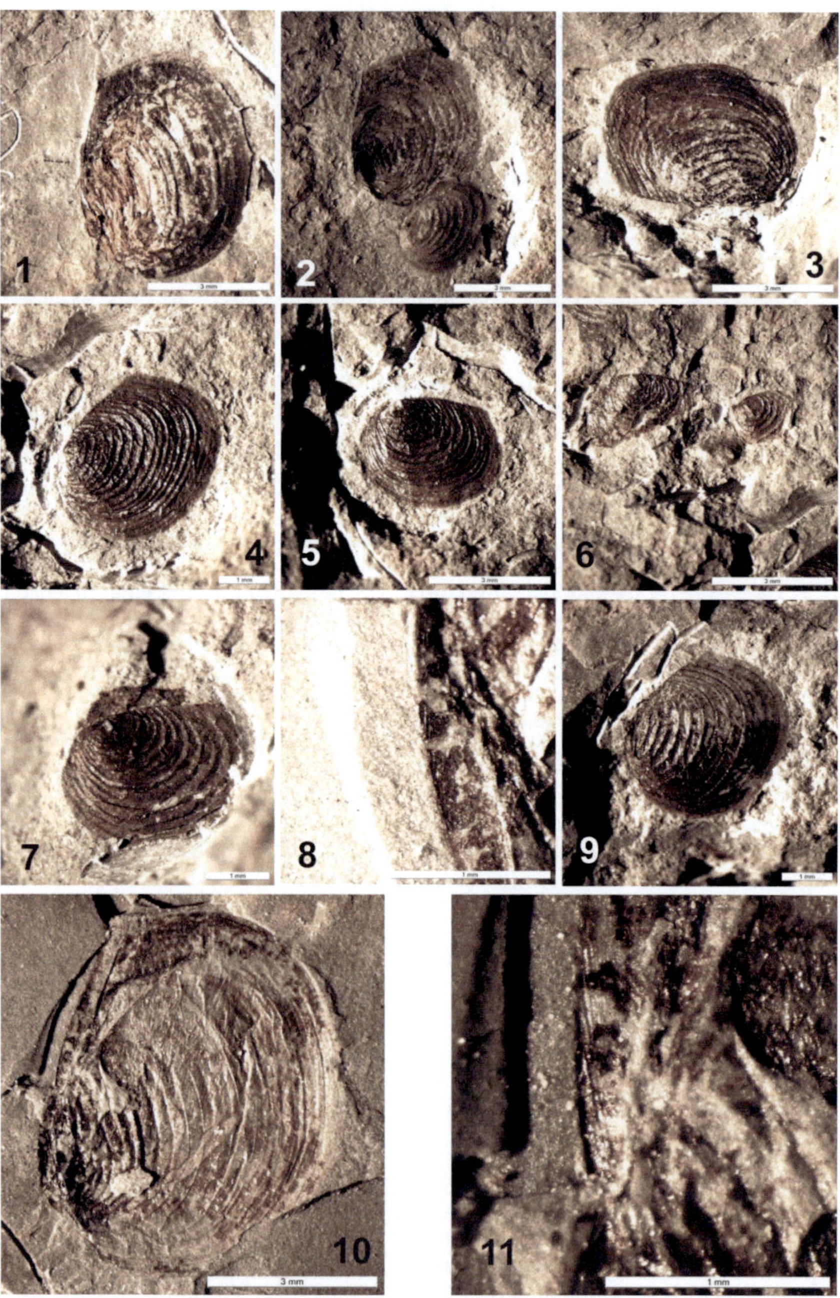

Tafel 13

Fig. 7. *Pseuestheria megaangulata* sp. nov. (USNM-528743-3) part of the juvenile left shell with short radial sculpture at the larval shell
Fig. 8. *Pseuestheria megaangulata* sp. nov. (USNM-528743-4) left shell
Fig. 9. *Pseuestheria megaangulata* sp. nov. (USNM-528744-1) right shell
Fig. 10. *Pseuestheria megaangulata* sp. nov. (USNM-528746-1) left shell
Fig. 11. *Pseuestheria megaangulata* sp. nov. (USNM-528746-2) left shell
Fig. 12. *Lioestheria* sp. P1 (USNM-528747-1) small left shell
Fig. 13. eggs of an amphibian ? (USNM-528747-2)
Fig. 14. *Pseuestheria megaangulata* sp. nov. (USNM-528748-1) left shell
Fig. 15. *Pseuestheria megaangulata* sp. nov. (USNM-528749-1) left shell
Fig. 16. *Pseuestheria megaangulata* sp. nov. (USNM-528750-1) holotype, left shell
Fig. 17. *Pseuestheria megaangulata* sp. nov. (USNM-528752-1) left shell
Fig. 18. *Pseuestheria megaangulata* sp. nov. (USNM-528752-2) left shell
Fig. 19. *Pseuestheria megaangulata* sp. nov. (USNM-528753-1A) right shell
Fig. 20. *Pseuestheria megaangulata* sp. nov. (USNM-528754-1) right shell

Tafel 13

Abb. 1–7, 9. Lok.: Cassil Hollow, Nord-Zentral Texas, USA, Oberste Petrolia Formation, Cisuralian, Abb. 8, 10, 11. Lok.: Fulda cast Road Cutbank (White´s Cassil Hollow) Cowan Ranch, Baylor C77, Nord-Zentral Texas, USA, Oberste Petrolia Formation, Cisuralian

Abb. 1. *Pseuestheria megaangulata* sp. nov. (USNM-528754-2) linke Schale
Abb. 2. *Pseuestheria megaangulata* sp. nov. (USNM-528754-3+528754-4) zwei linke Schalen
Abb. 3. *Pseuestheria megaangulata* sp. nov. (USNM-528755) linke Schale
Abb. 4. *Pseuestheria brevis* Raymond, 1946 (USNM-528756) linke Schale
Abb. 5. *Pseuestheria brevis* Raymond, 1946 (USNM-528756) linke Schale in verschiedenem Licht
Abb. 6. *Pseuestheria megaangulata* sp. nov. (USNM-528765-2+528765-3) juvenile linke Schale von zwei Exemplaren mit einer Skulptur auf der larvalen Schale
Abb. 7. *Pseuestheria brevis* Raymond, 1946 (USNM-528757-2) linke Schale
Abb. 8. *Pseuestheria* cf. *megaangulata* (USNM-528767) Teil des Dorsalrandes (DR) mit wenigen feinen fächerartig angeordneten Anwachsstreifen im DR-Bereich
Abb. 9. *Pseuestheria brevis* Raymond, 1946 (USNM-528757) linke Schale
Abb. 10. *Pseuestheria* cf. *megaangulata* (USNM-528767) große linke Schale, Gegendruck
Abb. 11. *Pseuestheria* cf. *megaangulata* (USNM-528767) Teil des Dorsalrandes (DR) mit wenigen feinen, fächerartig angeordneten Anwachsstreifen im DR-Bereich

Plate 13

Fig. 1–7, 9. Loc.: Cassil Hollow, North-Central Texas, USA, Uppermost Petrolia Formation, Cisuralian, Fig. 8, 10, 11. Loc.: Fulda cast Road Cutbank (White´s Cassil Hollow) Cowan Ranch, Baylor C77, North-Central Texas, USA, Uppermost Petrolia Formation, Cisuralian

Fig. 1. *Pseuestheria megaangulata* sp. nov. (USNM-528754-2) left shell
Fig. 2. *Pseuestheria megaangulata* sp. nov. (USNM-528754-3+528754-4) two left shells

Fig. 3. *Pseuestheria megaangulata* sp. nov. (USNM-528755) left shell
Fig. 4. *Pseuestheria brevis* Raymond, 1946 (USNM-528756) left shell
Fig. 5. *Pseuestheria brevis* Raymond, 1946 (USNM-528756) left shell, different light
Fig. 6. *Pseuestheria megaangulata* sp. nov. (USNM-528765-2+528765-3) juvenile left shells of 2 specimens with the structure (carina) at the LS
Fig. 7. *Pseuestheria brevis* Raymond, 1946 (USNM-528757-2) left shell
Fig. 8. *Pseuestheria* cf. *megaangulata* (USNM-528767) part of the dorsal margin (DM) with few fine fan-shaped striation of the growth lines structure
Fig. 9. *Pseuestheria brevis* Raymond, 1946 (USNM-528757) left shell
Fig. 10. *Pseuestheria* cf. *megaangulata* (USNM-528767) large left shell, counterpart
Fig. 11. *Pseuestheria* cf. *megaangulata* (USNM-528767) part of the dorsal margin (DM) with few fine fan-shaped striation of the growth lines structure, counterpart

Pseuestheria megaangulata sp. nov.
Taf. 10, Abb. 1–3, 5, 6, 1, Taf. 11, Abb. 1–3, 9, Taf. 12, Abb. 1–7; Abb. 54

Derivatio nominis:
mega = groß, *angulata* = Dorsalrand mit typischer Biegung
Holotyp: USNM-528750-1
Typuslokalität und Stratigraphie des Holotyps:
Cassil Hollow, Uppermost Petrolia Formation, Cisuralian
Paratypen:
USNM-528742, USNM-528743
Untersuchte Exemplare aus Texas:
USNM-528742: Paratyp, rechte Schale, USNM-528743: Paratyp, rechte Schale, USNM-528746: juveniles Exemplar, linke Schale, LS mit der kurzen typischen radialen Rippe, Carapax mit etwa 8 Anwachslinien, USNM-528750: Holotyp, linke Schale, adultes und dehr großes Exemplar, CI etwa 8 mm, USNM-528753: rechte Schale mit orignaler Konvexität, USNM-528968:linke Schale, USNM-528969: linke Schale, USNM-528970: linke Schale, USNM-528755: linke Schale, USNM-528756-1: Paratyp, linke Schale, USNM-528971: juvenile linke Schale mit der Skulptur (Rippe) auf der larvalen Schale, USNM-528972: juvenile linke Schale mit der Skulptur auf der LS, USNM-528767: große linke Schale, USNM-528804: linke Schale, juveniles Exemplar, USNM-528806: vorderer Teil der linken Schale, USNM-528813: Teil der rechten Schale, LS und DR, USNM-528973: Teil einer großen linken Schale, USNM-528815: linke Schale eines adulten Exemplares
Nachweis in Nord-Zentral Texas :
Cassil Hollow, Uppermost Petrolia Formation, Cisuralian, "concho cutbank", Upper Waggoner Ranch Formation, Mitchell Creek, Upper Waggoner Ranch Formation
Diagnose und Beschreibung:
Der Carapax zeigt vom Wirbel aus Richtung Vorderrand einen gebogenen Dorsalrand, dessen stärkste Biegung im Übergangsbereich zwischen dem d-Abschnitt und dh-Abschnitt festzustellen ist. Der Carapax war ursprünglich deutlich konvex gewölbt, wobei die Wölbung in Richtung Wirbel zunimmt. Vor allem bei juvenilen Exemplaren ist die relativ kleine aber deutlich ausgeprägte radial angelegte Rippe auf der larvalen Schale zu erkennen (Abb. 54). Dies entspricht einer speziellen Skulptur auf der LS. Die AST sind deutlich skulpturiert. Der Carapax ist im adulten Stadium deutlich größer als bei *Pseudestheria brevis* Raymond, 1946. Möglicherweise handelt es sich um eine Weiterentwicklung dieser Art. Die ursprüngliche, deutliche Konvexität des Carapax ist nur bei wenigen Formen erhalten: Tafel 12., Abb. 19. USNM-528753.
Maße:

Carapax-Länge (L)	L min	Lmax(mm)
Pseudestheria noconaensis sp. nov.	3,0	3,5
Pseudstheria brevis Raymond, 1946	4,0	6,0
Pseudestheria megaangulata sp. nov	5,0	7,5

Biostratigraphische Bedeutung:
Die Art beschränkt sich bisher auf Nord-Zentral Texas. Nachgewiesen ist die Art von der oberen Petrolia Formation bis zur oberen Waggoner Ranch Formation.

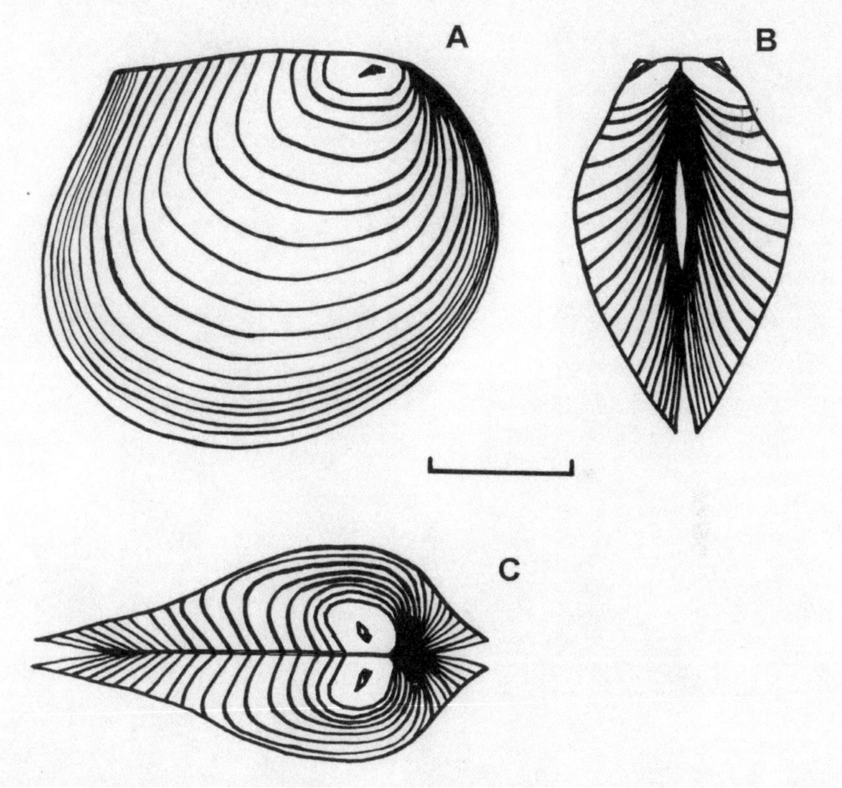

Abb. 54. *Pseudestheria megaangulata* sp. nov. in 3 Ansichten (A, B, C), Maßstab = 2,5 mm
Fig. 54. *Pseudestheria megaangulata* sp. nov. in 3 views (A, B, C), scale = 2,5 mm

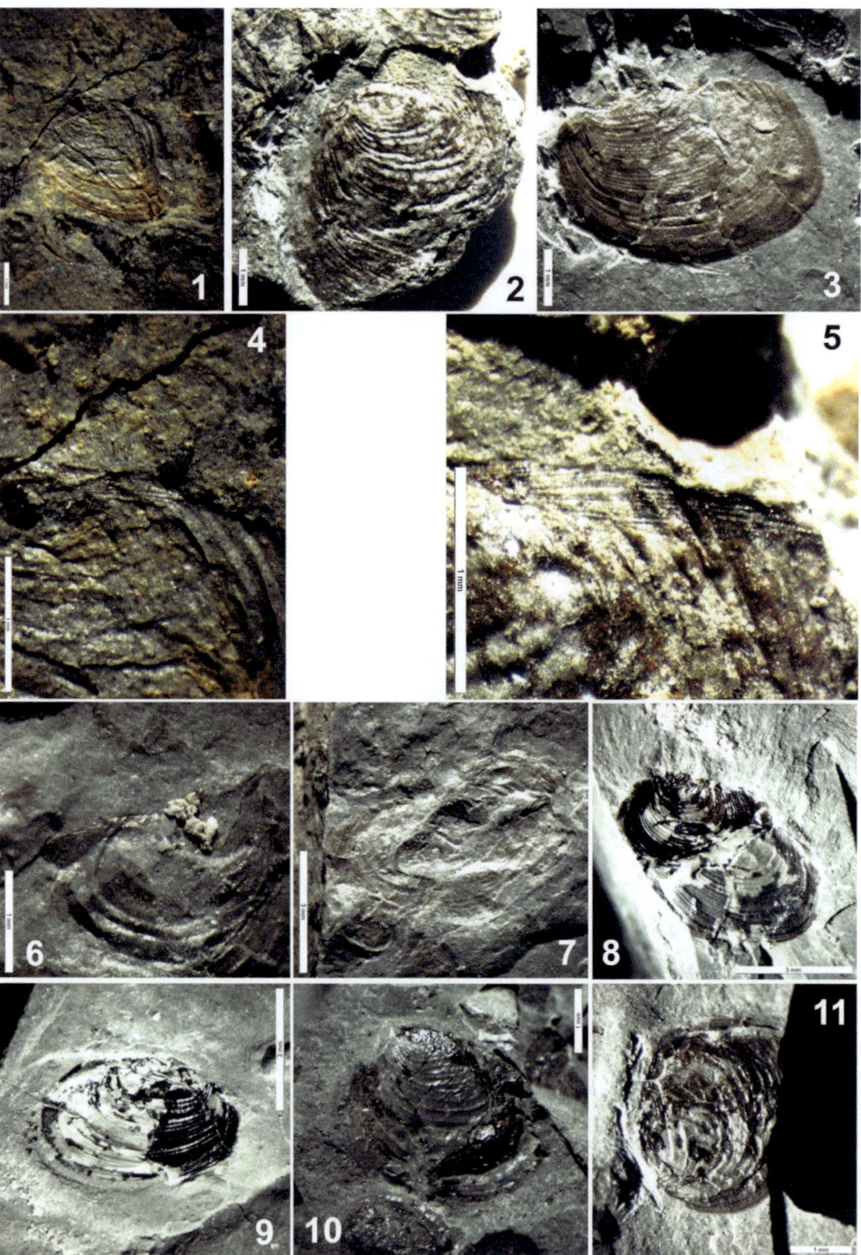

Tafel 14

Abb.1, 2, 4, 5. *Lok.*: "concho cutbank", Nord-Zentral Texas, USA, Obere Waggoner Ranch Formation, Cisuralian; Abb. 3, 6, 7. Lok.: Mitchell Creek, Nord-Zentral Texas, USA, Obere Waggoner Ranch Formation, Cisuralian; Abb. 8–11. Lok.: Lake Kemp Dam, Nord-Zentral Texas, USA, Oberste Waggoner Ranch Formation, Cisuralian

Abb. 1. *Pseuestheria megaangualata* sp. nov. (USNM-528804) linke Schale, juveniles Exemplar
Abb. 2. *Pseuestheria megaangulata* sp. nov. (USNM-528806) vorderer Teil der linken Schale
Abb. 3. *Pseuestheria megaangulata* sp. nov. (USNM-528815) linke Schale, adultes Exemplar
Abb. 4. *Pseuestheria megaangulata* sp. nov. (USNM-528804) Teil des Dorsalrandes (DM) mit wenigen fein gefächerten Striemen der Anwachslinien im Dorsalrandbereich
Abb. 5. *Pseuestheria megaangulata* sp. nov. (USNM-528806) Teil des Dorsalrandes (DM) mit wenigen fein gefächerten Striemen der Anwachslinien im Dorsalrandbereich, Teil von Abb. 2
Abb. 6. *Pseuestheria* megaangulata sp. nov. (USNM-528813) Teil der großen linken Schale
Abb. 7. *Pseuestheria* megaangulata sp. nov. (USNM-528813-2) Teil der großen linken Schale
Abb. 8. *Pseuestheria* sp. WR1 (USNM-528852) linke und rechte Schale, sich überlappend
Abb. 9. *Pseuestheria* sp. WR1 (USNM-528853) rechte Schale
Abb. 10. *Pseuestheria* sp. WR1 (USNM-528859-5) linke Schale
Abb. 11. *Pseuestheria* sp. WR1 (USNM-528860) Schale mit Deformation

Plate 14

Fig.1,2, 4, 5. Loc.: "concho cutbank", North-Central Texas, USA, Upper Waggoner Ranch Formation; Fig. 3,6,7. Loc.: Mitchell Creek, North-Central Texas, USA, Upper Waggoner Ranch Formation, Cisuralian; Fig. 8–11. Loc.: Lake Kemp Dam, North-Central Texas, USA, Uppermost Waggoner Ranch Formation, Cisuralian

Fig. 1. *Pseuestheria megaangualata* sp. nov. (USNM-528804) left shell, juvenile specimen
Fig. 2. *Pseuestheria megaangulata* sp. nov. (USNM-528806) anterior part of the left shell
Fig. 3. *Pseuestheria megaangulata* sp. nov. (USNM-528815) left shell, adult specimen
Fig. 4. *Pseuestheria megaangulata* sp. nov. (USNM-528804) part of the dorsal margin (DM) with few fine fan-shaped striation of the growth lines structure, part of Fig. 1
Fig. 5. *Pseuestheria megaangulata* sp. nov. (USNM-528806) part of the dorsal margin (DM) with few fine fan-shaped striation of the growth lines structure, part of Fig. 2
Fig. 6. *Pseuestheria* megaangulata sp. nov. (USNM-528813) part of the right shell, LS and DM
Fig. 7. *Pseuestheria* megaangulata sp. nov. (USNM-528813-2) part of a large left shell
Fig. 8. *Pseuestheria* sp. WR1 (USNM-528852) left and right shell overlapping
Fig. 9. *Pseuestheria* sp. WR1 (USNM-528853) right shell

Fig. 10. *Pseuestheria* sp. WR1 (USNM-528859-5) left shell
Fig. 11. *Pseuestheria* sp. WR1 (USNM-528860) shell with deformation !

Pseuestheria sp. WR1
Taf. 12, Abb. 8

Untersuchte Exemplare aus Texas:
USNM-528852: linke und rechte Schale überlappen sich, USNM-528853: rechte Schale, USNM-528974: linke Schale, USNM-528860: Schale mit Deformation
Nachweis in Nord-Zentral Texas, USA:
Lake Kemp Dam, Uppermost Waggoner Ranch, Cisuralian
Beschreibung:
Die charakteristischen Merkmale des Carapax belegen die Zugehörigkeit zur Gattung *Pseudestheria*. Auffällig ist die hohe Zahl relativ enger Anwachsstreifen von der LS bis zum Außenrand der adulten Formen. Ob es sich um eine eigenständige Art handelt, müssen weitere Aufsammlungen ergeben. Nachgewiesen wurde die Form an der Lokalität „Lake Kemp Dam, North-Central Texas, USA" und wird der, Oberen Waggoner Ranch Formation, Cisuralian zugeordnet.
Maße: L = 2 bis 3 mm
        H = 1,3 bis 2 mm

Tafel 15

Pseuestheria brevis Raymond, 1946, Abb. 1 – 6. Lok.: Mitchell Creek Flats, Nord-Zentral Texas, USA, Obere Waggoner Ranch Formation, Cisuralian

Abb. 1. USNM-528816-1: linke Schale
Abb. 2. USNM-528816-1: linke Schale
Abb. 3. USNM-528816-4: linke Schale
Abb. 4. USNM-528816: mehr als 12 Exemplare in unterschiedlicher Ansicht
Abb. 5. USNM-528816-2: linke Schale
Abb. 6. USNM-528816-5: Teil des Dorsalrandes (DR) mit wenigen feinen Striemen als Anwachslinien im DR-Bereich

Plate 15

Pseuestheria brevis Raymond, 1946, Fig. 1 – 6. Loc.: Mitchell Creek Flats, North-Central Texas, USA, Upper Waggoner Ranch Formation, Cisuralian

Fig. 1. USNM-528816-1: left shell,
Fig. 2. USNM-528816-1: left shell,
Fig. 3. USNM-528816-4: left shell,
Fig. 4. USNM-528816: more the 12 specimen in different views,
Fig. 5. USNM-528816-2: right shell,
Fig. 6, USNM-528816-5: part of the dorsal margin (DM) with few fine fan-shaped striation of the growth lines structure

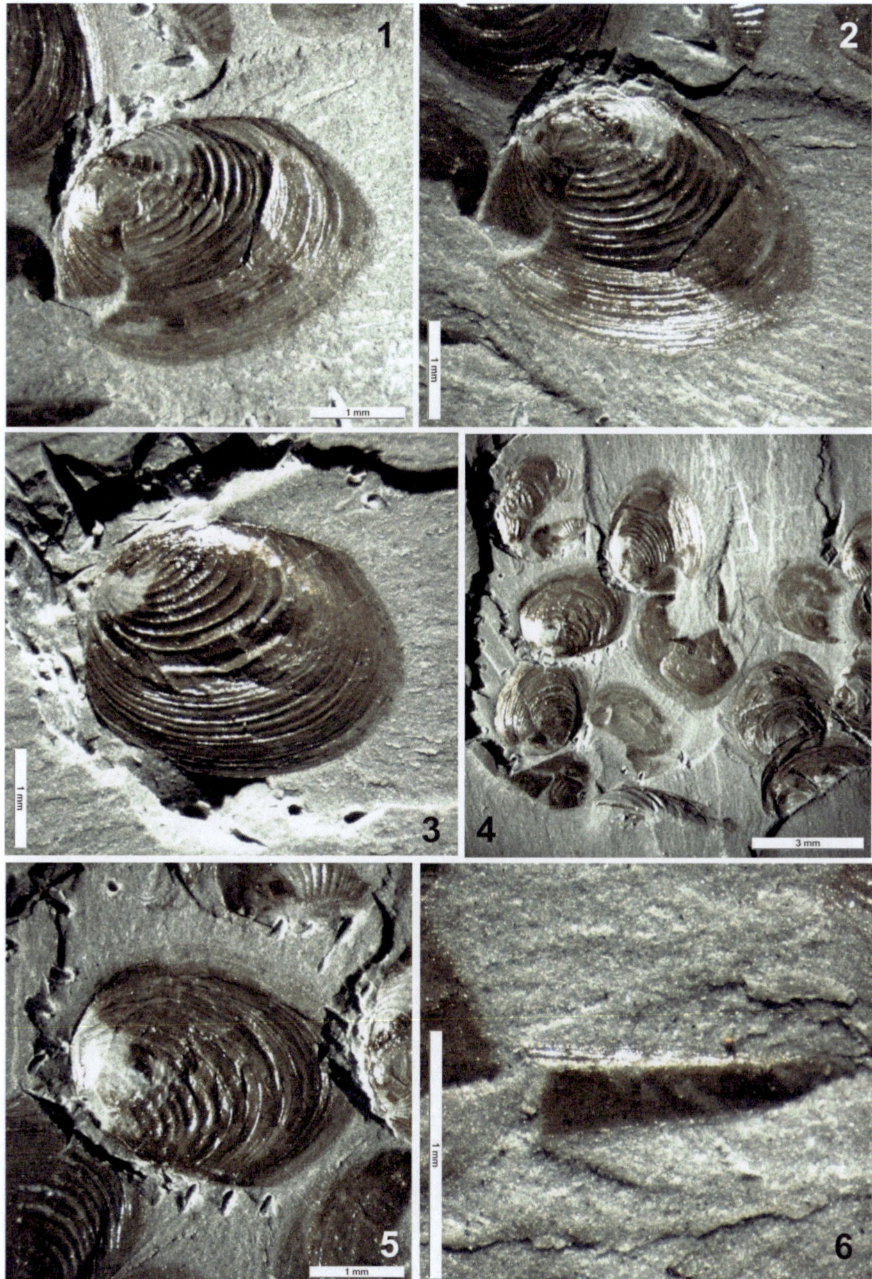

Tafel 15

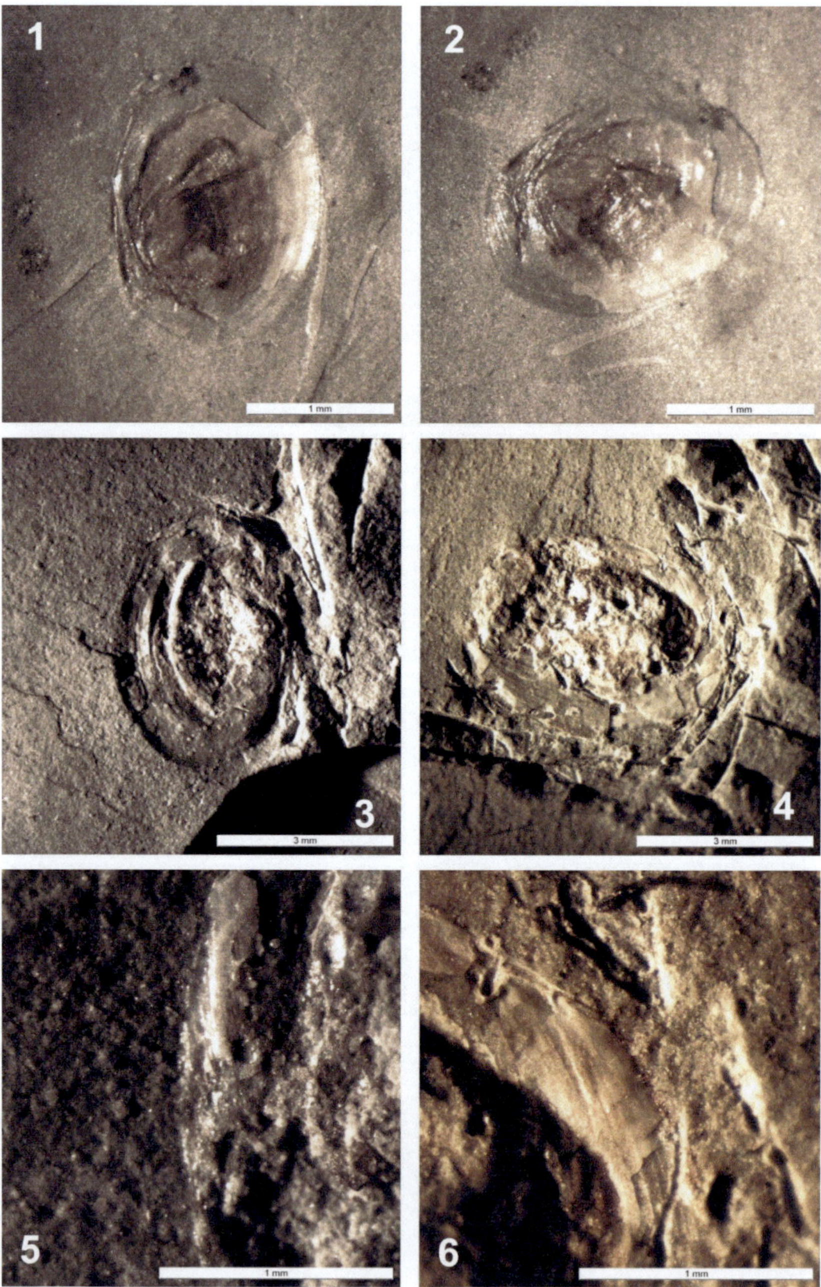

Tafel 16

Tafel 16

Pseuestheria sp. V1, Abb. 1–6. Lok.: Sid McAdams, Nord-Zentral Texas, USA, unterste Vale Formation, Clear Fork Gruppe, Cisuralian

Abb. 1. USNM-528724: linke Schale,
Abb. 2. USNM-528724: linke Schale, verschiedene Ansichten,
Abb. 3. USNM-528977: linke Schale,
Abb. 4. USNM-528725: linke Schale,
Abb. 5. USNM-528725: Ausschnitt des Dorsalrandes (DR) mit wenigen feinen, fächerartig angeordneten Anwachsstreifen
Abb. 6. USNM-528725: Teil der hinteren Schale und des DR

Plate 16

Pseuestheria sp. V1, fig. 1–6. Loc.: Sid McAdams, North-Central Texas, USA, lower Vale Formation, Clear Fork Group, Cisuralian

Fig. 1. USNM-528724: left shell,
Fig. 2. USNM-528724: left shell, different few,
Fig. 3. USNM-528977: left shell,
Fig. 4. USNM-528725: left shell,
Fig. 5. USNM-528725: part of the dorsal margin (DM) with few fine fan-shaped striation of the growth lines structure,
Fig. 6. USNM-528725: part of posterior shell and DMp

***Pseuestheria* sp. V1**
Taf. 16, Abb. 1 – 6

Untersuchte Exemplare aus Texas:
USNM-528724: linke Schale, USNM-528725: linke Schale, USNM-528977: linke Schale,
Nachweis in Nord-Zentral Texas, USA:
Sid McAdams, lowermost Vale Formation, Clear Fork Group, Cisuralian
Beschreibung:
Die zeichnerische Rekonstruktion der Carapax wird erst sinnvoll, wenn weitere Exemplare in bester Erhaltung nachgewiesen werden. Lediglich der DR-Bereich zeigt typische Merkmale der Gattung *Pseudestheria* in Form der feinen Striemen. Die bisher bekannten adulten Exemplare sind relativ klein (L = 2 mm). Die ursprüngliche Konvexität ist stark geplättet und deformiert. Die LS ist relativ klein. Die Außenlinie der Carapax ist oval bis subquadratisch. Eine Skulptur auf der larvalen Schale ist bisher nicht zu erkennen. Für eine genauere taxonomische Zuordnung sind weitere Aufsammlungen notwendig.

Maße:
L = 2,0 mm
H = 1, 3 mm

6 Biostratigraphie

Biostratigraphische Projekte für den Zeitraum Oberkarbon/Unterperm, die sich nur mit kontinentalen Sedimenten auf Pangäa beschäftigen, beinhalteten zunächst zwei wichtige Fragestellungen (MARTENS 1994):
1. Welche Fossilgruppen können für eine sichere biostratigraphische Korrelation terrestrischer Sedimente für diesen Zeitraum genutzt werde?
2. In welchen Gebieten auf der Erde befinden sich biostratigraphischen „Korrelations-Brücken" für den Zeitraum Oberkarbon – Unterperm, insbesondere für den Grenzbereich Karbon/Perm zwischen mariner und terrestrischer Fazies?
Der Autor ist der Ansicht, dass sich vorrangig die Conchostraken für die biostratigraphische Korrelation terrestrischer Sedimente im weltweiten Maßstab eignen (MARTENS 1983a, b, c, MARTENS 2012). Conchostraken sind in diesen Sedimenten am häufigsten nachweisbar und relativ leicht bestimmbar, wenn die erhaltenen Populationen die nötige Anzahl von artspezifischen Merkmalen liefern. Allerdings behindern gegenwärtig noch unterschiedliche Auffassungen in der Terminologie und Taxonomie der Conchostraken sowie Unterschiede in der Wertung einzelner Carapax-Merkmale einen Vergleich der beschriebenen Arten. (TASCH 1958a; KOZUR & SITTIG 1981; MARTENS 1983a, b, c; GORETZKI 2003; SCHOLTZE & SCHNEIDER 2015; SCHOLZE et al. 2016). Dieser Zustand führte teilweise zu Bewertungen, die vom normalen wissenschaftlichen Stil abweichen, wie in SCHNEIDER & SCHOLTZE (2016), Seite 6: "Lastly, Martens (2012) published a summary of his conchostracan studies. Unfortunately, his biostratigraphic conclusions (Martens 2012, table 1) are in large part inconsistent with other biostratigraphic data, and even with lithostratigraphic data, as well as with isotopic ages of conchostracanbearing sequences. That is partly due to unresolved taxonomic problems and partly due to Martens' presumptions of the age of the collection horizons, to which the species designations were adapted by him. In the following we try to minimize and, in some cases, to eliminate errors in the lithostratigraphic, biostratigraphic and taxonomic designation of conchostracan taxa."
Um in der Conchstraken-Taxonomie voranzukommen und damit die biostratigraphische Nutzbarkeit dieser Fossilgruppe gerade in sonst fossilfreien und fossilarmen Sedimentfolgen zu bestätigen und zu verbessern, sollten sich die wenigen Conchostrakenspezialisten und die, die es werden wollen, von Zeit zu Zeit an einen Tisch setzen, bzw. die fachlichen Argumente des Bearbeiters genau prüfen.

Wir wissen, dass die Zahl der Carapax-Merkmale begrenzt ist und ein Vergleich mit rezenten Arten immer hilfreich ist. Zu wenig werden noch die Ergebnisse der diagenetisch bedingten, plastischen Deformation des Carapax von ursprünglichen, taxonomischen Merkmalen getrennt. Bei einer selbstkritischen Arbeitsweise und dem Einsatz der zeichnerischen, möglichst 3dimensionalen Rekonstruktion bei der Neubeschreibung von Arten (MARTENS 1983 a, b, c) sind Fehler zu minimieren. Die biostratigraphische Bedeutung der Conchostraken wird dabei nicht geschmälert. Denn die Möglichkeit einer weltweiten Verbreitung einer Art war bereits im Unterperm durch die besondere Lebensweise und vor allem die Überlebensstrategie der Conchostraken garantiert.
MARTENS (1983c) begründete die erste Conchostraken-Zonen-Gliederung. Die große Zahl an Überlieferungslücken in terrestrischen Profilen eines Beckens erfordert die Untersuchung des Conchostraken-Inhaltes in verschiedenen Becken zur besseren Vergleichbarkeit und Anwendung der Zonengliederung.

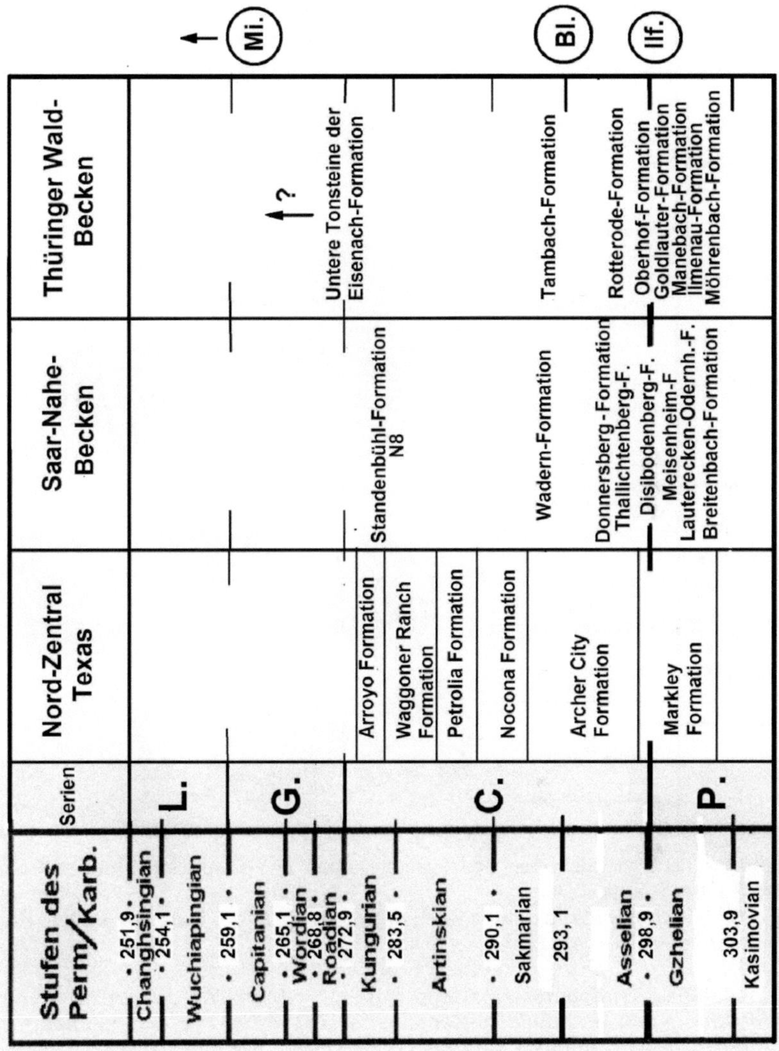

Abb. 55. Stratigraphische Korrelation zwischen Texas und Teilen Europas
Mi = Michelbach-Formation (Baden-Baden-Becken)
Bl = Bleichenbach-Formation (Hessen-Becken)
Ilf = Ilfeld-Formation (Ilfeld-Becken)
Fig. 55. Stratigraphic correlation between Texas and parts of Europe

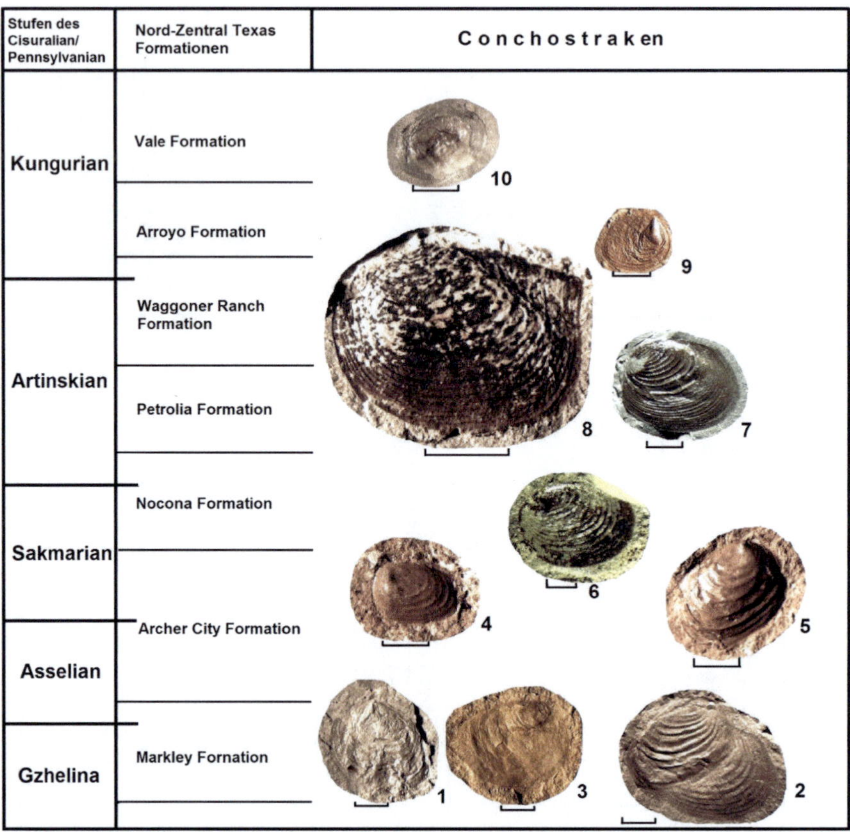

Abb. 56. Die Conchostraken des Pennsylvanian and Cisuralian (unteres Perm) von Nord-Zentral Texas, USA

Fig. 56. Conchostracans from the Pennsylvanian and Cisuralian (lower Permian) of North-Central Texas, USA

1 *Lioestheria pseudotenella* Martens. 1983, USNM-528711, Maßstab = 1 mm
2 *Lioestheria pseudotenella* Martens, 1983, USNM-528712-1a, Maßstab = 1 mm
3 *Limnolimnadia ilfeldensis* Martens, 1983, USNM-528711-1a, Maßstab = 1 mm
4 *Lioestheria monticula* Martens, 1983, USNM-528722-1a, Maßstab = 1 mm
5 *Lioestheria monticula* Martens, 1983, USNM-528723-1, Maßstab = 1 mm
6 *Pseudestheria naconaensis* sp. nov., USNM-528791-1, Maßstab = 1 mm
7 *Pseudestheria brevis* Raymond, 1946, USNM-528816-4, Maßstab = 1 mm
8 *Pseudestheria megaangulata* sp. nov. USNM-528750-1, Maßstab = 3 mm
9 *Lioestheria arroyoensis* sp. nov. USNM-528851-1, Maßstab = 1 mm
10 *Pseudestheria* sp.V1, USNM-724-1, Maßstab = 1 mm

Die im Jahr 1992 erstmals erfasste Conchostrakenfauna des höheren Oberkarbon (Pennsylvanian) und Unteren Perm (Cisuralian) in Nord-Zentral Texas bietet nun einerseits einen Vergleich mit den bekannten Faunen europäischer Becken und andererseits den Vergleich mit den stratigraphischen Aussagen der marinen Sedimente in Texas.

Die biostratigraphischen Ergebnisse erhalten durch den erstmals möglichen Vergleich der terrestrischen Wirbeltiere der Fundstätte Bromacker (Thüringer Wald-Becken) mit der Wirbeltierfauna von Nord-Zentral Texas, Utah und Nord-Zentral Neu Mexiko besondere Bedeutung (BERMAN 1993). Das wichtigste Beispiel ist dabei *Seymouria sanjuanensis* Vaughn, (1966). Diese bedeutende Art wurde im San Juan County, Utah, im untersten Organ Rock Shale erstmals beschrieben (VAUGHN 1966), danach aber auch in Rio Puerco Valley, Arriba County, North-Central New Mexico und in der unterpermischen Cutler Formation gefunden (BERMAN et al. 1987). Fast gleichzeitig erfolgte der Nachweis in Zentraleuropa in der Lokalität Bromacker Unteres Perm (Tambach-Formation) des Thüringer Waldes (BERMAN & MARTENS 1993) mit dem Erstnachweis eines isolierten Schädels im Jahr 1985 außerhalb Nordamerikas. Von dieser bedeutenden Wirbeltierfundstelle ist die Conchostraken-Art: *Lioestheria monticula* Martens, 1983b bekannt. Ein Vergleich der Conchostrakenfauna von Zentraleuropa und Nordamerika (Texas, Neu Mexico) wird damit möglich:

1. Der Bromacker bzw. die Tambach-Formation als Teil der *Lioestheria monticula*-Zone lässt sich nun mit der Wadern-Formation im Saar-Nahe-Becken, vermutlich auch mit der Bleichenbach-Formation (Hessen-Becken), mit der mittleren bis oberen Archer City Formation der Bowie Gruppe (Wolfcampian) Texas, USA (HENTZ 1988) und der mittleren und oberen Abo Formation im nördlichen Neu Mexiko, L 3922 vergleichen (MARTENS & LUCAS 2005). Die zeitliche (vertikale) Ausdehnung der *Lioestheria monticula*-Zone ist damit besser eingrenzbar.

2. Eine zweite Korrelation ergibt sich aus dem Vergleich der *Lioestheria pseudotenella* –Zone der Unteren Oberhof-Formation des Thüringer Wald-Beckens (Lokalität Lochbrunnen bei Oberhof), der Netzkater-Formation des Ilfeld-Beckens (beide in Deutschland) mit der Markley Formation (oberes Pennsylvanian/Cisuralian) in Nord-Zentral Texas, USA. Die Korrelation mit der Netzkater-Formation beruht bisher nur auf dem Nachweis der Art *Limnolimnadia ilfeldensis* in allen drei Vorkommen. *Lioestheria pseudotenella* wurde in Ilfeld noch nicht nachgewiesen – allerdings das gemeinsame Vorkommen von *Lioestheria pseudotenella* und *Limnolimnadia ilfeldensis* am Lochbrunnen bei Oberhof (Untere Oberhof-Formation) und in der Markley Formation ist beachtenswert. Die begrenzte vertikale Reichweite von *Lioestheria pseudotenella* gilt als sicher, da sich die nacheinander folgenden *Lioestheria*-Arten vor allem durch die unterschiedliche Ausbildung der Skulptur der larvalen Schale unterscheiden lassen. Diese Tatsache ließ sich besonders im Rotliegend-Profil des Thüringer Waldes belegen (MARTENS 1983a, b, c). Bisher kann die vertikale Verbreitung der Gattung *Lioestheria* beginnend im oberen Oberkarbon bis ins obere Unterperm sicher verfolgt werden. Die Nachweise im Oberperm sind noch unsicher (Sulzbach im Baden-Baden-Becken, Obere Hornburg-Formation).

3. In der Oberen Waggoner Ranch Formation und vor allem in der Arroyo Formation taucht die Art *Lioestheria arroyoensis* auf, die vor allem durch eine relativ große larvale Schale mit einer kräftigen Skulptur auffällt. Die Arroyo Formation der Clear Fork Gruppe von Texas kann man nun mit der Standenbühl-Formation der Nahe-Gruppe im Saar-Nahe-Becken korrelieren (MARTENS 2012). Die Art *Lioestheria arroyoensis* lässt sich bisher im Thüringer Wald-Becken und im Rotliegend des SE-Harz-Vorlandes nicht nachweisen. Ursache dafür sind größere Ablagerungs-Lücken im Kungurian.

Die Hornburg-Formation des SO-Harz-Vorlandes ist nach ihrem Conchostrakeninhalt jünger als die Standenbühl-Formation und die Arroyo Formation. In Nord-Zentral Texas gelang der jüngste Nachweis von Conchostraken in der Vale Formation der Clear-Fork-Gruppe. Die wenigen bisher aufgefundenen Exemplare erlauben noch keine sichere Artzuweisung.

Die aktuelle Perm-Gliederung wurde dem „Newsletter of the Subcommission on Permian Stratigraphy", Permophiles, Nr. 67, 2019-4, Seite 64 entnommen. Bereits in Permophiles Nr. 46, Dec. 2005 erschien eine Korrelation der marinen Standard-Gliederung mit der unterpermischen Schichtenfolge in Nord-Zentral Texas (WARDLOW 2005) Dabei nutzte Wardlow die Conodonten-Fauna der zahlreichen, mehr oder weniger marin beeinflussten Kalksteine im sonst terrestrischen Cisuralian dieser Region. Nach der Korrelation und dem Vergleich mit der aktuellen „Permian Time Scale in Permophiles, Nr 67, 2019-4 wurden die Korrelationstabellen in den Abbildungen 55 und 56 erstellt. Die biostratigraphischen Ergebnisse mittels Conchostraken können für die Ergebnisse der kürzlich veröffentlichten „Multistratigraphic correlations oft the basins" in SCHNEIDER et al. (2019) wichtig sein. Mit der stratigraphischen Einstufung der Tambach-Formation ins mittlere Sakmarian erhöht sich gegeüber SCHNEIDER at al. (2019) das Alter der paläontologisch bedeutenden Lokalität Bromacker um ca. 6 Mio Jahre auf ca. 292 Mio Jahre. Gegenüber der Einstufung von SCHOLZE & SCHNEIDER (2016), die die Tambach-Formation noch in den Artinscian/Kungurian-Grenzbereich bei 283 Mio Jahren annahmen, erhöht sich das Alter vom Bromacker sogar um fast 10 Mio Jahre.

Die Untere Oberhof-Formation des Thüringer Waldes rückt nahe an die Basis des Unteren Perm bei ca. 298 Mio Jahren. Die stratigraphische Position des Unteren Tonstein der Eisenach-Formation im nordwestlichen Thüringer Wald ist möglicherweise perspektiv mit der bisher einzigen Conchostrakenart *Pseudestheria*? *wilhelmsthalensis* bestimmbar. Es bestehen Gemeinsamkeiten zu *Pseudestheria*? fritschi Kozur & Sittig, 1981 aus der Michelbach-Formation des Baden-Baden-Beckens. Nach Ansicht des Verfassers wurde die Fauna der Michelbach-Formation des Baden-Baden-Beckens von KOZUR UND SITTIG (1981) als zu alt eingestuft. Die in den dortigen Tonsteinen auftretenden Conchostraken bestehen aus den Arten:

1. *Lioestheria tenella* (Kozur & Sittig, 1981), in KOZUR & SITTIG (1981) als *Megasitum tenellum* beschrieben und Fundort als Typuslokalität für „*Estheria tenella*" erkannt.

2. *Warthestheria sulzbachensis* (Kozur & Sittig, 1981), in KOZUR & SITTIG (1981) als *Protolimnadia ? sulzbachensis* erstmals beschrieben. Die neue Gattung *Protolimnadia* wurde von KOZUR & SITTIG (1981) mit der Typusart „*Estheria calcarea* Fritsch, 1901 aus Tschechien begründet, deren taxonomische Zuordnung, wie oben schon erläutert, bisher unklar bleibt. Der neue Gattungsname sollte vorerst nicht verwendet werden.

3. *Pseudestheria*? fritschi Kozur & Sittig, 1981, in KOZUR & SITTIG (1981) als neue Art *Pseudestheria fritschi* erstmals beschrieben. Die Autoren bringen in der Beschreibung keinen Beweis dafür, dass es sich um einen Vertreter der Gattung *Pseudestheria* mit dem typischen Merkmalskomplex im Dorsalrandbereich handelt. Solang dieser nicht nachgewiesen ist, wird die Gattungsbezeichnung noch mit einem Fragezeichen versehen. Sollte sogar Übereinstimmung mit der Art *Pseudestheria*? *wilhelmsthalensis* aus der Eisenach-Formation bestehen, müßte die Eisenacher Form den von KOZUR & SITTIG (1981) begründeten Artnamen „*fritschi*" übernehmen.

Literatur

BERMAN, D. S (1993): Lower Permian vertebrates of New Mexico and their assemblages. – in: Vertebrate paleontology in New Mexico, New Mexico Museum of Natural History and Science, Bulletin **2**: 11–21.

BERMAN, D. S & MARTENS, TH. (1993): First occurence of *Seymouria* (Amphibia, Batrachosauria) in the Lower Permian Rotliegend of Central Germany. – Annals of Carnegie Museum, **62**: Pittsburgh.

BERMAN, D. S, REISZ, R. R., EBERTH, D. A. (1987): *Seymouria sanjuanensis* (Amphibia, Batrachosauria) from the Lower Permian Cutler formation of north-central New Mexico and the occurrence of sexual dimorphism in that genus questioned – Canadian J. of Earth Science, **24**: 1769–1784.

BRONN, H. G. (1850): Über *Gampsonyx fimbriatus* Jordan aus der Steinkohlen-Formation von Saarbrücken und vom Murg-Thal. – N. Jb. Min. etc., Jg. **1850**: 575–583, Stuttgart.

CHANEY, D. S., SUES; H.-D., DiMICHELE, W. A. (2005): A juvenile skeleton of the nectridean amphibian Diplocaulus and associated flora and fauna from the Mitchell Creek Flats locality (Upper Waggoner Ranch Formation; Early Permian), Baylor County, North-Central Texas, USA. – in: LUCAS, S.G. & ZEIGLER, K. E. eds. Th Nonmarine Permian. New Mexico Museum of Natural History and Science Bull. **30**: 39–47.

CHEN, P. J. & SHEN, Y. B. (1985): An introduction to fossil Conchostraca. – Science Press., Beijing: 241 S. (in Chinesisch).

DiMICHELE, W. A., CHANEY, D. S., DIXON, W. H., NELSON, W. J., HOOK, R. W. (2000): An Early Permian coastal flora from the Central Basin Platform of Gaines County, West Texas.- Palaios, V. **15**: 524–534.

DEPÉRET, C. & MAZERAN, P. (1912): Les Estheria du Permien d'Autun. – Bull. De la Siciété d'Histoire Naturelle d'Autun, **25**:165–174.

FRITSCH, A. (1901): Fauna der Gaskohle und der Kalksteine der Permformation Böhmens – Bd. **4**, Selbstverlag: 101 S., Prag.

GOLDENBERG, F. (1877): Fauna saraepontana fossilis, Die fossilen Thiere aus der Steinkohlenformation von Saarbrücken. – Heft II, Verlag von Chr. Möllinger: 1–54, Taf. 1–3, Saarbrücken.

GORETZKI, J. (2003): Conchostraken-Biostratigraphie: Ein Schlüssel für interregionale Korrelationen im kontinentalen Paläozoikum und Mesozoikum – computergestützte Musteranalyse und Formenstatistik zur Klassifikation merkmalsarmer Gruppen. – Dissertation, Dr. rer. nat., Technische Uniersität, Bergakademie Freiberg: I –X, 1–243, Anlagen,Taf. 1–64

GUTHÖRL, P. (1931): *Estheria drummi* n. sp. und *Estheria obenaueri* n. sp. (Crustacea, Phyllopoda) aus den Lebacher Schichten des Saarländischen Rotliegenden. – Jb. u. Mitt. oberrhein. geol. Ver. N.F. **20**: 80–83, Stuttgart.

GUTHÖRL, P. (1934): Die Arthropoden aus dem Karbon und Perm des Saar-Nahe-Pfalz-Gebietes, – Abh. Preuß. Geolog. Landesanstalt, N.F. **164**: 1–219, Berlin.

HENTZ, T. F. (1988): Lithostratigraphy and Paleoenvironments of Upper Paleozoic Continental red beds, North-Central Texas: Bowie (new) and Wichita (revised) Groups.- Bereau of Economic Geology, report No. **170**: 1–55, Univ. of Texas, Austin, Texas.

HOLUB, V. & KOZUR, H. (1981): Revision einiger Conchostraken-Faunen des Rotliegenden und biostratigraphische Auswertung der Conchostraken des Rotliegenden. – Geol. Paläont. Mitt. Innsbruck, **11(2)**: 39–94, Innsbruck.

HOOK, R. (1989): Permo-Carboniferous vertebrate paleontology, lithostratigraphy, and depositional environments of North-Central Texas. – guidebook, field trip no. 2, 49th Annual Meeting of the Society of vertebrate paleontology Austin, Texas: 31. Oct.- 1. Nov.: 1–64, Austin, Texas.

JONES, T. R. (1862): A monograph of the fossil Estheriae. – Palaeontographical Society London, Bd. 14, part **5,1**: 1–134, London.

JONES, T. R. & WOODWARD, H. (1893): I.-The fossil Phyllopoda of the Palaeozoic rocks. – Geological Magazine, New Series, **X**: 529–535, London.

JONES, T. R. & WOODWARD, H. (1899): II. Contributions to fossil crustacea. – Geological Magazine, new series, **VI**: 388–395, London.

KOZUR, H. (1991/92) *Protolimnadia kowalczyki* n. sp., eine wichtige Conchostraken-Art aus dem Oberrotliegenden Mitteleuropas. – Geol. Paläont. Mitt. Innsbruck, **18**: 77–81.

KOZUR, H. & MARTENS, TH. & PACAUD, G. (1981): Revision von „*Estheria*" (*Lioestheria*) *lallyensis* Depéret & Mazeran, 1912 und „*Euestheria*" *autunensis* Raymond, 1946. – Z. geol. Wiss., **9, (12)**: 1437–1445, Berlin.

KOZUR, H., SEIDEL, G., 1983. Revision der Conchostracen-Faunen des unteren und mittleren Buntsandsteins. Teil I. Z. geol. Wiss. **11 (3)**: 295–423, Berlin.

KOZUR, H. & SITTIG, E. (1981): Das "*Estheria*" *tenella* – Problem und zwei neue Conchostraken-Arten aus dem Rotliegenden von Sulzbach (Senke von Baden-Baden, Nordschwarzwald). – Geol. Paläont. Mitt. Innsbruck, **11 (1)**: 1–38, Innsbruck.

KOWALCZYK, G. (1983): Das Rotliegende zwischen Taunus und Spessart. – Geol. Abh. Hessen, **84**: 1–99, Wiesbaden.

KOWALCZYK, G. & HERBST (2012): Das Rotliegend in den Hessischen Becken

In: Deutsche Stratigraphische Kommission, (Hrsg.: H. Lützner & G. Kowalczyk), Stratigraphie von Deutschland X. Rotliegend. Teil I: Innervariscische Becken. – Schriftenr. Dt. Ges. für Geowiss., **61**: 98–109, Hannover.

KOWALCZYK, G. & PRÜFERT, J. (1974): Gliederung und Fazies des Perms in der Wetterau (Hessen). – Z. Deutsch. Geol. Ges., **125**: 61–90, Hannover.

MARTENS, TH. (1979): Arthropodenfährten aus dem Rotliegenden der Eisenacher Mulde (Thüringer Wald). – Z. geol. Wiss., **7**, 12: 1457–1462, Berlin.

MARTENS, TH. (1982): Zur Taxonomie und Biostratigraphie neuer Conchostraken-Funde (Phyllopoda, Crustacea) des Permokarbon und der Trias in Mitteleurpopa. – Freiberger Forsch. – H. **C 375**: 49–82, Taf. 1–15

MARTENS, TH. (1982): Zur Stratigraphie, Taxonomie, Ökologie und Klimaentwicklung des Oberrotliegenden (Unteres Perm) im Thüringer Wald (DDR). – Abh. Ber. Mus. Nat. Gotha, **11**: 33–57, Gotha.

MARTENS, TH. (1983a): Dissertation, Band Text: 1–151, I-XVII, Band Anlagen: Tafel 1 – 95, 1983, Bergakademie Freiberg.

MARTENS, TH. (1983b): Zur Taxonomie und Biostratigraphie der Conchostraca (Phyllopoda, Crustacea) des Jungpaläozoikums der DDR, Teil 1. – Freiberger Forsch.-H. **C 382**: 7–105, Leipzig.

MARTENS, TH. (1983c): Zur Taxonomie und Biostratigraphie der Conchostraca (Phyllopoda, Crustacea) des Jungpaläozoikums der DDR, Teil II. – Freiberger Forsch.-H. **C 384**: 24–48, Leipzig.

MARTENS, TH. (1984): Zur Taxonomie und Biostratigraphie der Conchostraca (Phyllopoda, Crustacea) des Rotliegenden (oberstes Karbon bis Perm) im Saar-Nahe-Gebiet (BRD). – Freiberger Forsch.-H. **C 391**: 35–57, Leipzig.

MARTENS, TH. (1985): Taxonomische Probleme der Conchostraca (Crustacea, Phyllopoda) unter besonderer Berücksichtigung der Variabilität des Carapax. – Freiberger Forsch.-H. **C 400**: 44–76, Leipzig.

MARTENS, TH. (1986a): Zur Taxonomie und Biostratigraphie der Conchostraca (Phyllopoda, Crustacea) des Oberkarbon und Perm der USA, Teil I – Freiberger Forsch.-H. **C 410**: 27–40, Leipzig.

MARTENS, TH. (1986b): Zur Taxonomie und Biostratigraphie der Conchostraca (Phyllopoda, Crustacea) des Oberkarbon und Perm der USA, Teil II. – Abh. Ber. Mus. Nat. Gotha, **13**: 55–60, Taf. 11–15, Gotha.

MARTENS, TH. (1987): Zu Problemen der Terminologie fossiler Conchostraca (Phyllopoda, Crustacea). – Abh. Ber. Mus. Nat. Gotha, **14**: 32–37, Gotha.

MARTENS, TH. (2012): Biostratigraphie der Conchostraca (Branchiopoda, Crustacea) des Rotliegend. – In: Deutsche Stratigraphische Kommission, Stratigraphie von Deutschland X. Rotliegend. Teil I: innervariscische Becken. Schriftenreihe der Deutschen Gesellschaft für Geowissenschaften, **61**: 98–109.

MARTENS, TH. & LUCAS, SP. (2005): Taxonomy and biostratigraphy of Conchostraca (Branchiopoda, Crustacea) from two non-marine Pennsylvanian and Permian localities in New Mexico. – In: The Nonmarine Permian, Bulletin **30**: 208–213, Albuquerque, NM.

MOLIN, & NOVOJILOV (1965): Dvustvorcatye listonogie permi triasa Severa SSSR.- Izd. Nauka, 117 S., 118 Abb., 4 Tab., 12 Taf., Moscva-Leningrad. (in Russisch).

NOVOZHILOW, N. I. (1970): Vymershie Limnadioidei. Conchostraca-Limnadioidea (Extinct Limnadioidei, Conchostraca-Limnadioidea). Nauka, Moscow (in Russisch).

PRUVOST, P. (1919): Note sur les entomostracés bivalves du terrain houiller du Nord de la France. – Ann. de la Société Géologique du Nord, **40**: 60–80.

RAYMOND, P. E. (1946): The genera of fossil Conchostraca – an order of bivalved Crustacea. – Bull. Mus. Comp. Zool. (Harvard), **96**, 3: 218–307, Cambridge, Mass.

ROMER, A. S. (1974): The stratigraphy of the Permian Wichita redbeds of Texas. – Breviora **427**: 27 S.

SCHNEIDER, J.; GORETZKI, J. & RÖSSLER, R. (2005): 2.6 Biostratigraphisch relevante nicht-marine Tiergruppen im Karbon der varistischen Vorsenke und der Innensenken – Cour. Forsch.-Inst. Senckenberg, **254**: 103–118.

SCHNEIDER J., Lucas, S. G., Scholze, F., Voigt, S., Marchettie, L., Klein, H., Oplustil, St., Werneburg, R., Golubev, V. K., Barrick, J. E., Nemyrovska, T., Ronchi, A., Day, M. O., Silantiev, V. V., Rößler, R., Saber, H., Linnemann, U., Zharinova, V., Shen, S. Z. (2019): Late Paleozoic – early Mesozoic continental biostratigraphy- links to the standard global chronostratigraphic scale. Palaeoworld, https://doi.org/10.1016/j.palwor.2019.09.001.

SCHOLZE, F. & SCHNEIDER, J.W. (2015): Improved methodology of `conchostracan` (Crustacea: Branchiopoda) classification for biostratigraphy.- Newsletter on Stratigraphy **48** (3): 287–298.

SCHOLZE, F., SCHNEIDER, J.W. & WERNEBURG, R. (2016): Conchostracans in continental deposits of the Zechstein-Buntsandstein transition in central Germany: Taxonomy and biostratigraphic implications for the position of the Permian-Triassic boundary within the Zechstein Group. Palaeogeography, Palaeoclimatology, Palaeoecology, **449**, 174–193.

STOYAN, D.; FRENZ, M.; GORETZKI, J. ; SCHNEIDER, J. (1994): Tests zur formstatistischen Klassifikation von Conchostraken (Crustacea, Branchiopoda) mittels Prokrustesanalyse.- Freiberger Forschungshefte, C 452: 153–162; Leipzig.

TASCH, P. (1958a): Permian Conchostracan-bearing beds of Kansas. Part 1. Jester Creek section – fauna and paleontology. – J. Paleont. **32**, 5: 525–540.

TASCH, P. (1958b): Novojilov's classification of fossil conchostracans – a critical evaluation. part I. family Leaiidae – J. Paleont. **32**, 6: 1094–1106.

TASCH, P. (1975): Dunkard Estheriids as environmental and age indicators. – Proceedings First I. C. White Mem. Symposium 1972 (J. A. BARLOW, Hrg.): 281–294.

Wardlaw; B. R. (2005): Age assignment of the Pennsylvanian – Early Permian succession of North Central Texas. –Permophiles, Newsletter of the subcommission on Permian stratigraphy, Nu. **43**: 21–22, fig. 1, Dec. 2005.

WARTH, M. (1963): Conchostraken (Crustacea, Phyllopoda) und Ostrakoden des saarländischen Stefans. – Dissertation Univ. Tübingen: 1–105, Tübingen.

ZASPELOVA, V.S. (1968): Novye pozdnepaleozojskie fillopdy Centralnogo Kazachstan. In: Novye vidy drevnych rastenij i bespozvonocnych SSSR, **2**, (2): 227–233, Taf. 58, Fig. 1–6, Moskva (NEDRA).

Adressen

Thomas Martens: Pfarrgasse 53, 99869 Drei Gleichen, Germany (www.ursaurier.de)
William A. DeMichele und Dan S. Chaney: Smithsonian Institution, National Museum of Natural Histoty, Dept. of Paleobiology, 10th St & Constitution Ave. NW, Washington D.C. 20560, USA
Robert W Hook: 1301 Constant Spring Dr., Austin TX 78746, USA

Fotonachweis

Alle im Beitrag gezeigten Fotos, Tafelabbildungen und Zeichnungen stammen vom Autor oder es werden Hinweise zur Herkunft gegeben.
Titelfoto: *Pseudestheria brevis* Raymond, 1946, USNM-528779-1A, Loc. Meteor Tank Loc. 12, Middle Petrolia Formation, Cisuralian, Nord-Zentral Texas
Rückseite: Fossilprospektion in Nord-Zentral Texas im April 1992

Danksagung

Im Rahmen eines 6monatigen Studienaufenthaltes am Carnegie Museum of Natural History in Pittsburgh von Januar bis Juni 1992 konnte ich Dank der Vermittlung durch David S Berman verschiedene Forschungsstätten/Museen und Fossilfundgebiete in den USA kennenlernen. Für einige Tage besuchte ich das Smithsonian Istitution in Washington D.C. und lernte dabei William A. DeMichele und Dan S. Chaney kennen. Sie luden mich ein, im April 1992 an einer 2wöchigen Expedition im Unterperm von Nord-Zentral Texas teilzunehmen und in verschiedenen Formation erstmals die Conchostraken-Fauna zu beproben und zu untersuchen. Dafür danke ich recht herzlich William DeMichele und Dan Chaney. Ich konnte das reiche Probenmaterial Dank ihrer Zustimmung mit nach Deutschland nehmen und im Museum der Natur Gotha nach und nach aufarbeiten (Präparation, Fotodokumentaion usw.) Später erhielt ich von Robert Hook aus Austin in Texas weiteres Probenmaterial und wichtige Informationen zu den einzelnen, untersuchten Aufschlüssen in Texas. Inzwischen befindet sich das wissenschaftlich wertvolle Conchostraken-Material wieder am Smithsonian Institution in Washington D.C. Ich danke Hans Dieter Sues vom Smithsonian Institution Washington DC und Gotthard Kowalczyk von der Goethe Universität Frankfurt am Main für kritische Hinweise. Dank gilt auch der Deutsche Forschungsgemeinschaft (DFG) für die Förderung der Untersuchung der Conchostraken am Britischen Museum in London im Herbst 1993 (MARTENS 1994).